U0213524

"十四五"时期国家重点出版物出版专项规划项目

"中国饭碗"丛书

丛书主编　师高民

食全食美·马铃薯

李建成　编著

南京出版传媒集团
南京出版社

图书在版编目（CIP）数据

食全食美·马铃薯 / 李建成编著. -- 南京：南京
出版社，2022.6
　（中国饭碗）
　ISBN 978-7-5533-3496-7

Ⅰ.①食… Ⅱ.①李… Ⅲ.①马铃薯—青少年读物
Ⅳ.①S532-49

中国版本图书馆CIP数据核字（2021）第233769号

丛 书 名　"中国饭碗"丛书
丛书主编　师高民
书　　名　食全食美·马铃薯
作　　者　李建成
绘　　图　刘一凡　王赛男
插　　画　李　哲
出版发行　南京出版传媒集团
　　　　　南京出版社
　　　社址：南京市太平门街53号　　邮编：210016
　　　网址：http://www.njcbs.cn　　电子信箱：njcbs1988@163.com
　　　联系电话：025-83283893、83283864（营销）　025-83112257（编务）

出 版 人　项晓宁
出 品 人　卢海鸣
责任编辑　杨淑丽
装帧设计　赵海玥　王　俊
责任印制　杨福彬

制　　版　南京新华丰制版有限公司
印　　刷　南京凯德印刷有限公司
开　　本　787毫米×1092毫米　1/32
印　　张　4.375
字　　数　68千
版　　次　2022年6月第1版
印　　次　2022年6月第1次印刷
书　　号　ISBN 978-7-5533-3496-7
定　　价　28.00元

用微信或京东
APP扫码购书

用淘宝APP
扫码购书

编委会

总序

　　"Food for All"（人皆有食），这是联合国粮食及农业组织的目标，也是全球每位公民的梦想。承蒙南京出版社的厚爱，我有幸主编"中国饭碗"丛书，深感责任重大！

　　"中国饭碗"丛书是根据习近平总书记"中国人的饭碗任何时候都要牢牢端在自己手中，我们的饭碗应该主要装中国粮"的重要指示精神而立题，将众多粮食品种分别著述并进行系统组合的系列丛书。

　　粮食，古时行道曰粮，止居曰食。无论行与止，人类都离不开粮食。它眷顾人类，庇佑生灵。悠远时代的人们尊称粮食为"民天"，彰显芸芸众生对生存物质的无比敬畏，传达宇宙间天人合一的生命礼赞。从洪荒初辟到文明演变，作为极致崇拜的神圣图腾，人们对它有着至高无上的情感认同和生命寄托。恢宏厚重的人类文明中，它见证了风雨兼程的峥嵘岁月，记录下人世间纷纭精彩的沧桑变迁。粮食发展的轨迹无疑是人类发展的主线。中华民族几千年农耕文明进程中，笃志开拓，筚路蓝缕，奉行民以食为天的崇高理念，辛勤耕耘，力田为生，祈望风调雨顺，粮丰廪实，向往山河无恙，岁月静好，为端好养育自己的饭碗抒写了一篇篇波澜壮阔的辉煌史诗。香火旺盛的粮食家族，饱经风雨沧桑，产生了众多优秀成员。它们不断繁衍，形成了多姿多彩的粮食王国。"中国饭碗"丛书就是记录这些艰难却美好的文化故事。

我国古代曾以"五谷"作为全部粮食的统称，主要有黍、稷、菽、麦、稻、麻等，后在不同的语境中出现了多种版本。在文明的交流融江中，各种粮食品种从中东、拉美和中国逐步播撒五洲，惠泽八方。现在人们广泛称谓的粮食是指供食用的各种植物种子的总称。

随着人类社会的发展、科技的进步和人们对各种植物的进一步认识，粮食的品种越来越多。目前，按照粮食的植物属性，可分为草本粮食和木本粮食，比如，水稻、小麦、大豆等属于草本粮食；核桃、大枣、板栗等则是木本粮食的代表。按照粮食的实用性划分，有直接食用的粮食，比如，小麦、水稻、玉米等；也有间接食用的粮食，比如说油料粮食，包括油菜籽、花生、葵花籽、芝麻等。凡此，粮食种类不下百种，这使得"中国饭碗"丛书在题材选取过程中颇有踌躇。联合国粮食及农业组织（FAO）指定的四种主粮作物首先要写，然后根据各种粮食的产量大小和与社会生活的密切程度进行选择。丛书依循三类粮食（即草本粮食、木本粮食和油料粮食）兼顾选题。

对于丛书的内容策划，总体思路是将每种粮食从历史到现代，从种植到食用，从功用到文化，叙写各种粮食的发源、传播、进化、成长、布局、产能、生物结构、营养成分、储藏、加工、产品以及对人类和社会发展的文化影响等。在图书表现形式上，力求图文并茂，每本书创作一个或数个卡通角色，贯穿全书始终，提高其艺术性、故事性和趣味性，以适合更大范围的读者群体。力图用一本书相对完整地表达一种粮食的复杂身世和文化影响，为人们认识粮食、敬畏粮食、发展粮食、珍惜粮食，实现对美好生活的向往，贡献一份力量。

凡益之道，与时偕行。进入新时代，中国人民更加关注食物的营养与健康，既要吃得饱，更要吃得好、吃得放心。改革开放以来，我国的粮食产量不断迈上新台阶，2021年，粮食总产量已连续7年保持在1.3万亿斤以上。我国以占世界7%的土地，生产出世界20%的粮食。处丰思歉，居安思危。在珍馐美食和饕餮盛宴背后，出现的一些奢靡浪费现象也令人触目惊心。恣意挥霍和产后储运加工等环节损失的粮食，全国每年就达1000亿斤以上，可供3.5亿人吃一年。全世界每年损失和浪费的粮食数量多达13亿吨，近乎全球产量的三分之一。"一粥一饭，当思来之不易；半丝半缕，恒念物力维艰。"发展生产，节约减损，抑制不良的消费冲动，正成为全社会的共识和行动纲领。

"春种一粒粟，秋收万颗籽"，粮食忠实地眷顾着人类，人们幸运地领受着粮食给予的充实与安宁。敬畏粮食就是遵守人类心灵的律法。感恩、关注、发展、爱惜粮食,世界才会祥和美好,人类才会幸福生活。我们在陶醉于粮食恩赐的种种福利时,更要直面风云激荡中的潜在危机和挑战。历朝历代政府都把粮食作为维系国计民生的首要战略目标,制定了诸多重粮贵粟的政策法规,激励并保护粮食的生产流通和发展。行之有效的粮政制度发挥了稳邦安民的重要作用,成为社会进步的强大动力和保障。保证粮食安全,始终是国家安全重要的题中之义。

国以民为本,民以食为天。在习近平新时代中国特色社会主义思想指引下,全国数十位专家学者不忘初心、精雕细琢,全力将"中国饭碗"丛书打造成为一套集历史性、科技性、艺术性、趣味性为一体,适合社会大众特别是中小学生阅读的粮食文化科普读物。希望这套丛书有助于人们牢固树立总体国家安全观,深入实施国家粮食安全战略,进一步加强粮食生产能力、储备能力、流通能力建设,推动粮食产业高质量发展,提高国家粮食安全保障能力,铸造人们永世安康的"铁饭碗""金饭碗"!

师高民

（作者系中国粮食博物馆馆长、中国高校博物馆专业委员会副主任委员、河南省首席科普专家、河南工业大学教授）

前言

　　民以食为天。古往今来，吃饱吃好是人类对幸福生活的追求。那么，哪种食物能让我们既吃饱又吃好呢？答案是：马铃薯！

　　马铃薯是与水稻、小麦、玉米并列的全球四大主粮之一。它富含大量的水分和膳食纤维，饱腹感强，是饥饿的克星。它蕴藏碳水化合物、蛋白质、维生素、矿物质等多种营养素，被称为"十全十美的食物"，是健康的福星。中国是世界上马铃薯总产量最多的国家，马铃薯已成为中国人饭碗里的主食，不食马铃薯，不足谓生活。

　　马铃薯是茄科茄属一年生草本植物。早在新石器时代，南美洲的印第安人就开始培育马铃薯，从此告别采集渔猎生活，进入农耕社会，创造了灿烂的印加文明。16世纪，马铃薯不畏艰辛，涉水跋山，散播世界各地。明朝万历年间，马铃薯传入中国，如今中华大地上，处处都有马铃薯之乡。

　　马铃薯耐寒、耐旱、耐贫瘠，适应性强，易栽培，产量高，产业链长。它粮蔬兼用，改善着世界人民的饮食结构，促进了烹饪技术进步；它广泛用于医药、建材、造纸、纺织、化工等行业，支持着工业发展；它推动了社会文明进步，存留着集体记忆，体现着百味人生，是人类文化的承载者。

　　本书着眼于千年来马铃薯的生产实践活动，对其植物形态、起源传播、良种培育、产业经济、加工食用、营养价值、文化形象等做了全面的描述和演绎，融知识性、趣味性、艺术性为一体。通读全篇，既能体味马铃薯科学技术、产业经济发展的内在逻辑，又能感受马铃薯文化的精深美妙。

目录

姓名：薯生

籍贯：南美洲

朋友：世人

品格：朴实仁爱、坚韧执着。

经历：16世纪中叶后游历欧洲、亚洲、非洲、大洋洲、北美洲。

本领：富含蛋白质、脂肪、碳水化合物、维生素、矿物质、水和膳食纤维七大营养素。

贡献：减少全球饥饿，丰富人类饮食，支撑工业发展。

一、你好，马铃薯！

1. 地上开花

盛夏时节，在中国北部山区，成片的马铃薯一望无际，长势茁壮，葱茏茂盛。有一株马铃薯长在田垄的中间，格外显眼，显然是马铃薯植株王了。

一名农夫站在田埂上，满怀喜悦地望着这块旱田。清风拂来，植株王使劲地摇了摇自己的花束，似乎在与农夫打招呼。它正处于块茎增长期，如人到壮年一样，各个器官健康，浑身充满活力。

早晨的阳光从东山上照射过来，暖洋洋的。植株王主茎秆劲挺，分枝蓬勃斜伸，叶片舒展，生机益

马铃薯田

然。初生的单叶已悄悄地隐在了根基处，层层攀长的羽状复叶上又着生出许多小裂叶，连叶面上的白色茸毛都竖起来了。复叶顶端的小叶是顶小叶，它柄长叶圆、叶脉通透，更是活力四射。每个叶片的气孔都缓缓张开，贪婪地吸收着太阳光能和空气中的二氧化碳，它们在叶绿体中与根系里吸收来的无机物质氮、磷、钾和水分进行光合作用，形成糖类、蛋白质及脂肪等有机物质，再通过地上茎和地下茎，运送到块茎中去。同时，呼出氧气，蒸腾散发出叶片表面的水分，使整个田野显得清新湿润。植株王名叫"陇薯"，主茎和分枝顶端高高托起的花序轴上招展着聚伞形花序，乳白色花冠由五重花瓣轮状叠交，拱围着中心金黄色的花蕊。花朵夜间闭合，白天绽放，每朵花开3~5天，一棵植株上有2~5枝花序，一枝花序上有4~8朵花，可持续开放两个月左右。整个田地里，一枝枝一朵朵的花，有的含苞欲放，有的恣意盛开，煞是好看！

马铃薯花

2. 地下结茎

本是同薯生，上下分茎态。农夫望着地上的马铃薯茎、叶、花，想象着地下马铃薯生长的样子。植株王是块茎无性繁殖长成的。种薯萌芽时，芽基部就生发出许多芽眼根，迅速斜着向下生长，像老人的白胡须一样，科学家称之为须根系，还真是形象。须根系吸收无机营养物质和水分，并将它们运送到每个细胞的组织中去，支撑着薯苗破土而出。

初芽向上穿越土层，带出了一条地下茎，节节向上生长。如同地上茎长出侧枝一样，地下茎的分枝，就是茎节的腋芽生出的匍匐茎，围着它还有许多节间的匍匐根。在阳光下地上茎呈绿色，在土层中地下茎因无叶绿体而呈白色。匍匐茎顺着土壤表层水平方向伸展，半月后顶端膨大形成块茎。匍匐茎好似胎儿的脐带，一头连着地下茎，一头连着块茎，不停地运送转换营养。植株王生出了多条匍匐茎，每根都结着块茎。植株王的根系似人体的一条条紧密相连的血管，放射状深深扎入泥土之中。

块茎与地上茎也有相似之处，它表面有鳞片退化小叶留下的新月状芽眉。芽眉的芽眼在块茎上螺旋状排列着，不乏艺术性。它表面还有许多小斑点似的皮孔，似人的鼻孔一样呼吸，与外界进行气和水的交换。植株王块茎为椭圆形，黄皮黄肉，芽眼浅，真是好薯生！常言道，顶

马铃薯块茎

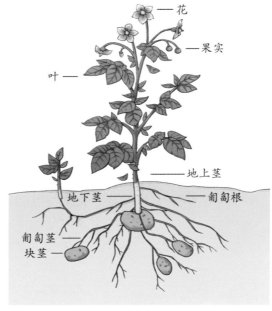

花

果实

叶

地上茎

地下茎

匍匐根

匍匐茎

块茎

马铃薯植株

上开花，地下结薯。农夫看着盛开的马铃薯花朵，似乎听到了地下块茎迅速膨胀的声音。

3. 颗颗皆辛苦

入夏以来，降雨减少，土壤有些干旱了。周边田块的玉米、谷子有些受不了了，晌午时叶片也开始萎蔫，但马铃薯却旺盛地生长着。

农夫倒背着手，在马铃薯田埂上来回走动，环视

上年小麦收获后，用小四轮拖拉机深耕一次、耙耱一次。

今春整地，上足了农家肥和氮磷钾复合肥。

种植时将马铃薯切块拌草木灰，播种机下种、覆膜、起垄一次性完成。

出苗后，农夫起早贪黑，下田除草，中耕松土、培土，精心呵护。

田野里到处都散发着马铃薯生长的气息，农夫沉浸在丰收的喜悦之中。

着每一株马铃薯。这片田地，土层深厚，土质疏松，通气性好。上年小麦收获后，用小四轮拖拉机深耕一次、耙耱一次，使土壤晒白去芜，蓄水保墒。

常言道：庄稼一枝花，全靠肥当家。今春整地，上足了农家肥和氮磷钾复合肥。种植时将马铃薯切块拌草木灰，播种机下种、覆膜、起垄一次性完成。出苗后，农夫起早贪黑，下田除草，中耕松土、培土，精心呵护。

农夫凝望着远方天际的云，闻着风中马铃薯的味道，盼望着来场及时雨。他无论走到哪儿，马铃薯都认识他似的，随风舞动，飒飒作响，好像鼓掌欢呼一般。农夫更加精神抖擞，对马铃薯频频注目示好。他认为马铃薯像人一样，都是有灵魂、讲体面的，一棵也不能慢待。

田野里到处都散发着马铃薯生长的气息，农夫沉浸在丰收的喜悦之中。他现在每天都是这样，迎着初升的太阳，向每棵马铃薯打个招呼，默默地问声："你好！"看到马铃薯都在苗壮成长，才心满意足地离开。

二、的的喀喀湖畔的丰收之神

1. 马铃薯的故乡

在南美洲，有一座绵延近两万里的山脉，叫安第斯山脉，它北起巴拿马，南至智利南段，纵贯南美大陆。山势雄奇，众多的山峰直插云霄，顶上终年积雪，是地球上最长的山脉。山间有一片8000多平方公里的湖，叫的的喀喀湖。它的湖面广阔，无数的河流涌入，是世界高原上最大的湖。湖水清澈湛蓝，湖畔草木丰茂，山光湖色，景色迷人。这里就是马铃薯的故乡。

几十亿年前，地球上宇宙大爆炸时产生的高温日

的的喀喀湖

渐冷却，地球表面出现了岩石、水和大气。在宇宙紫外线、电离辐射的作用下，大气圈中的无机物产生化学反应，形成了有机化合物，在经历了漫长的生物进化后，形成了生命体。马铃薯的祖先就诞生在了安第斯山脉。考古资料表明，在秘鲁海岸拉森蒂尼拉地区的古代遗址中，发掘出最早的马铃薯遗存化石，经碳-14测定距今约为8000年。在秘鲁卡马斯河谷发掘的碳化马铃薯茎块距今3500年。科学家用DNA检测技术证明，世界上种植的马铃薯品种，都可以追溯到秘鲁南部一位马铃薯祖先那儿。

碳化马铃薯块茎

2. 生命的食物

　　大约在1万年前，印第安人部落生活在亚马孙河流域的热带雨林区。他们穿梭在古木参天、藤缠葛绕的森林里，追捉羊驼、骆马、豚鼠、山鹑和蹼鸡；游徙在河湖沼泽之地，捕捞鳟鱼、巨蛙、海牛和水豚；奔走在林间旷地，采集野生巨普椰、古柯、玉米的籽粒，狩猎采集的食物十分丰富，他们日出而作，日落而息，生活得无忧无虑。但随着人口的日渐增多，雨林区能找到的食物却越来越少，生存变得困难起来。

　　7000多年前，一个印第安人部落，沿着亚马孙河逆流而上寻找食物，历经千辛万苦，终于走出了泽国水乡，来到了安第斯山前一条小溪的尽头。他们看到

　　7000 多年前，一个印第安人部落，沿着亚马孙河逆流
而上寻找食物，历经千辛万苦，终于走出了泽国水乡，来到
了的的喀喀湖并居住下来。

　　有一天，突然电闪雷鸣，暴雨倾盆而下，顿时山洪横流，冲刷着大地。洪水过后，人们发现在河谷、山间、平地上裸露出许多白嫩嫩的植物茎块。因为找不到吃的东西，他们忍不住捡起来试着吃了，味道居然不错——这就是马铃薯茎块了。

　　人们的眉头一下子舒展开来，真是天无绝人之路。从此，马铃薯成了印第安人新的食物，并被称作"巴巴斯"，即"生命的食物"的意思。

天空明朗可爱，植被明显稀少，大家犹豫起来，原路返回吧，又要面临毒蛇猛兽的侵害；继续向前走吧，不知能不能找到食物。酋长最终决定继续沿着山区向前行走，大约又走了三百多里路，来到了山间高原一处湖泊前，这就是的的喀喀湖。长时间的奔波，他们又饿又累，决定在此处居住下来。

湖畔四周雪山环绕，林木葱郁，高大的鸡纳树、香椿、龙凤檀、桃花溪木、棕榈，遍地的坎涂花。相比亚马逊原始森林区，没有了时常出没的眼镜熊、美洲狮、美洲虎、食人鱼、蟒蛇的侵害，但食物却难以找到，生活问题仍然困扰着大家。

有一天，突然电闪雷鸣，暴雨倾盆而下，顿时山洪横流，冲刷着大地。洪水过后，人们发现在河谷、山间、平地上裸露出许多白嫩嫩的植物茎块。因为找不到吃的东西，他们忍不住捡起来试着吃了，味道居然不错——这就是马铃薯茎块了。之前，他们都是采摘地上的草木果实，从不知道地里埋的茎块也能吃。人们的眉头一下子舒展开来，真是天无绝人之路。

从此，马铃薯成了印第安人新的食物，并被称作"巴巴斯"，即"生命的食物"的意思。

3. 是谁种薯在人间

野生的马铃薯毕竟是有限的，随着时间的推移，印第安人寻找马铃薯需要走的路越来越远。

又到了采挖马铃薯的季节，他们忽然发现，居住地的周围居然长着许多马铃薯，而且枝繁叶茂。挖出来之后，块茎明显比别处的大，有的根部上还连着半瘪的马铃薯残块，这些残块显然是去年吃剩后丢弃的。

一个种植马铃薯的念头产生了。

初升的太阳照耀着美丽的的的喀喀湖，潺潺的河水沿着蜿蜒曲折的湖岸线缓缓流入清澈的湖中。印第安人砍去树木，焚烧茅草，开出空地。男人用长长的尖头木棍在地里戳坑，妇女把去年的马铃薯块茎埋进坑里去，再用粗大的木槌夯实。果然不久以后，新的马铃薯苗长出来了。到了秋天，所结的块茎竟然比野生的还多还大。

马铃薯让印第安人找到了生存之道，有了掌握自己命运的主动权，人们对马铃薯充满着感恩和敬意，并把它当成图腾崇拜。在他们眼中，马铃薯是造化赐予的圣物，他们尊奉马铃薯为"丰收之神"。

当遇上年景不好，产量减少时，他们认为是怠慢

古代印第安人种植马铃薯的场景

了马铃薯，于是举行盛大的祭祀仪式。人们穿上华丽鲜亮的衣服，在酋长的带领下列队游行。酋长走在队伍的最前面，他披着有刺绣的斗篷，戴着用羽毛装饰的帽子；身后跟着一队队手持马铃薯袋、端着金银器皿的男孩女孩。紧随其后的人群，肩上扛着木制犁锄，手里提着马铃薯，牵着披红挂彩的骡子。队伍来到马铃薯神像前，主祭者杀死骡子取出内脏供奉。为了表示虔诚，有时他们还牺牲童男童女来祭奠。这一古老的祭祀仪式，到了近代，逐渐发展成欢庆马铃薯丰收的活动了。

马铃薯养育了印第安人。公元前500年左右，由于马铃薯提供了充足的粮食保证，安第斯山区出现了瓦利文明。在公元1000—1200年期间，印第安人在南美洲创建了一个强大的国家——印加帝国。

印第安人培育的马铃薯，是一份赠予世界的无价的礼物，后人称之为"印第安古文明之花"。

印加帝国遗迹——马丘比丘

三、不远万里来到中国

1. 宫廷里的花朵

在印第安人的精心培育下，马铃薯美丽的花朵开遍了安第斯山区，成为地球上一道靓丽的风景线。岁月静好，马铃薯安静地生长在这片壮美的大陆上。春种秋收，寒往暑来，时间一晃就是几千年，它多么希望能到更远的地方去啊。

机会终于来了。1492年，意大利人克里斯托弗·哥伦布率领一支探险船队寻找传说中的香料之地东印度群岛，却阴差阳错地来到了南美洲大陆。他们在的的喀喀湖周围的高原里，几乎同时发现了埋藏在地下的黄金白银和生长在地里的马铃薯。但他们看中的却是这里白晃晃金灿灿的白银黄金，对土里土气的马铃薯则不屑一顾。直到16世纪中叶，马铃薯才勉强乘上了西班牙人的帆船，沿着大西洋一路颠簸来到了欧洲。它初到欧洲，被西班牙哈布斯堡王朝国王菲利普二世当作"药物"献给了意大利罗马教皇庇尤四世，后来又被罗马教廷的红衣主教带到了比利时，就这样在欧洲各地辗转赠送，只被当作一种奇花异草，在宫廷花园和贵族庭院里种植观赏。据说俄国彼得大帝在游历欧洲时，被美丽的马铃薯花朵所吸引，花重金买了一袋带回自己的花园里种植，根本"不把马铃薯当干粮"。

2."妖魔的苹果"

有一天，英国探险家拉雷格爵士向女王伊丽莎白一世敬献了连根带叶的马铃薯，并告诉女王这是可以吃的。女王非常高兴，把马铃薯交给了御厨烹饪。御厨从没见过这种蔬菜，也无处请教，就自作主张，把块茎切掉扔了，把茎叶做成菜肴端了上来。女王请来宾客分享，大家兴致勃勃地品尝一番后，纷纷感到头

　　1492 年，意大利人克里斯托弗·哥伦布率领一支探险船队寻找传说中的香料之地东印度群岛，却阴差阳错地来到了南美洲大陆。

　　他们在的的喀喀湖周围的高原里，几乎同时发现了埋藏在地下的黄金白银和生长在地里的马铃薯。但他们看中的却是这里白晃晃金灿灿的白银黄金，对土里土气的马铃薯则不屑一顾。

  直到 16 世纪中叶，马铃薯才勉强乘上了西班牙人的帆船，沿着大西洋一路颠簸来到了欧洲。

  就这样，马铃薯在欧洲各地被辗转赠送，只被当作一种奇花异草，在宫廷花园和贵族庭院里种植欣赏。

　　英国探险家拉雷格爵士向女王伊丽莎白一世敬献了连根带叶的马铃薯，并告诉女王这是可以吃的。

　　御厨把块茎切掉扔了，把茎叶做成菜肴端了上来。女王请来宾客分享，大家兴致勃勃地品尝一番后，纷纷感到头疼、恶心、口唇发麻——中毒了。

女王大怒，遂严令禁种禁食马铃薯。

有人认为，吃了这种畸形块茎会患麻风病、梅毒，易猝死，甚至有人把马铃薯贬斥为"妖魔的苹果"，把吃马铃薯当作一种耻辱。

疼、恶心、口唇发麻——中毒了。女王大怒，遂严令禁种禁食马铃薯。岂不知马铃薯是食用块茎的，而茎叶中所含的龙葵素是有毒的，食用过量的龙葵素会出现口腔及咽喉部瘙痒，上腹部疼痛，并有呕吐、腹泻等症状。

真是雪上加霜！马铃薯初来乍到，水土不服，不能在欧洲夏季酷热久长的环境中生长，往往会出现变色、畸形等症状。有人认为，吃了这种畸形块茎会患麻风病、梅毒，易猝死，甚至有人把马铃薯贬斥为"妖魔的苹果"，把吃马铃薯当作一种耻辱。从此，马铃薯遭到了冷遇，备受歧视，从国王餐桌的食物沦落为牲畜的饲料。

3. 拯救了欧洲的食物

17世纪后，欧洲大地上人口增加，饥荒连年。马铃薯在经历了艰难的气候环境适应期后，在欧洲生存了下来，并挽救了不少人的生命。17世纪40年代，马铃薯来到了爱尔兰，化解了因燕麦歉收引发的饥荒危机。1723年，瑞典人约拿斯·阿尔斯特鲁玛将马铃薯种在自己的庄园里，收获后他带头食用，被称为瑞典第一个吃马铃薯的人。1740年，德国腓特烈二世颁布了日耳曼马铃薯种植法令，规定农民必须种植马铃薯。1786年，法国的巴孟泰尔说服国王路易十六支持他的马铃薯种植计划。18世纪60年代，俄国卡列里等地发生了饥荒，粮食匮乏，国家枢密院发布了在全国种植马铃薯的指令。马铃薯帮助欧洲人一次次地渡过了饥荒岁月，让欧洲人爱不释"口"。它以极高的投入产出率被誉为土地所能生产的"最大幸福"，赢得了"拯救了欧洲的食物"的美誉。

4. 传奇的中国之行

马铃薯在欧洲掠地扎寨的同时，又辗转来到亚洲、大洋洲和非洲开疆拓土。

中国土地宽广、气候宜人。黄河、长江浩浩荡荡，高原平川，沃野千里，是马铃薯理想的田园。16世纪末17世纪初，即明朝万历年间（1573—1619），马铃薯来到了中国，一下子成为珍奇食材，被端上了达官显贵的餐桌。明代宦官史家刘若愚所撰《酌中志》记载，一般在正月十六之后，宫中灯市最为繁盛热闹，天下珍馐百味云集于此，有"辽东之松子，

　　17世纪40年代，马铃薯来到了爱尔兰，化解了因燕麦歉收引发的饥荒危机。

　　1723年，瑞典人约拿斯·阿尔斯特鲁玛将马铃薯种在自己的庄园里，收获后他带头食用，被称为瑞典第一个吃马铃薯的人。

　　1740年，德国腓特烈二世颁布了日耳曼马铃薯种植法令，规定农民必须种植马铃薯。

　　18世纪60年代，俄国卡列里等地发生了饥荒，粮食匮乏，国家枢密院发布了在全国种植马铃薯的指令。

蓟北之黄花、金针，都中之山药、土豆……不可胜数也。"与在欧洲遭受冷遇、歧视不同，马铃薯来到中国就被当作珍贵食材，列为京都的特产，受到上至皇室贵族，下到平民百姓的喜爱，成了大家求之不得的美食。

马铃薯来自异域，所结的果实独特，食用方便，一时名声大噪。人们争相目睹马铃薯的风采，寻机品尝马铃薯的滋味，有关马铃薯的故事传得沸沸扬扬。有人说它是从海上乘坐商船，远渡重洋来到了我国台湾、广东的。当时荷兰禁止将马铃薯运到中国来，是一个聪明的商人把马铃薯茎蔓编进了藤编鱼篓里，骗过检查，带回中国的。也有人说它是从陆路跟随商队，翻山越岭走进了内蒙古、山西、陕西和甘肃的。当时，俄国人也不允许把马铃薯带到中国，是一个聪明的商人，看到马铃薯的形状酷似黄铜葫芦形马铃铛，就把马队一匹马项下的九连环马铃铛取下几枚，换成几枚形状、颜色、大小和马铃铛相似的马铃薯，躲过检查，将它带回中国。

与在欧洲遭受冷遇、歧视不同，马铃薯来到中国就被当作珍贵食材，列为京都的特产，受到上至皇室贵族，下到平民百姓的喜爱，成了大家求之不得的美食。

当时荷兰禁止将马铃薯运到中国来，是一个聪明的商人把马铃薯茎蔓编进了藤编鱼篓里，骗过检查，带回中国的。

俄国人也不允许把马铃薯带到中国，是一个聪明的商人，看到马铃薯的形状酷似黄铜葫芦形马铃铛，就把马队一匹马项下的九连环马铃铛取下几枚，换成几枚形状、颜色、大小和马铃铛相似的马铃薯，躲过检查，将它带回中国。

马铃薯在中国传播

5. 载入典籍的物产

马铃薯被民间传得神乎其神，也引起了士大夫们的极大兴趣。明代万历进士蒋一葵，在任京师西城指挥使期间，实地访问了解京畿周边马铃薯种植情况。他在《长安客话》中记载："土豆，绝似吴中落花生及香芋，亦似芋，而此差松甘。"崇祯朝礼部尚书兼文渊阁大学士徐光启，潜心研究农业，对马铃薯青睐有加，他在《农政全书》中写道："土芋，一名土豆，一名黄独，蔓生叶如豆，根圆如鸡卵，肉白皮黄，……煮食，亦可蒸食。又煮芋汁，洗腻衣，洁白如玉。"从根蔓形状、外观颜色到烹食方法等，都对马铃薯做了详细的介绍。

清代乾隆年间，中国人口增长，对粮食需求量增

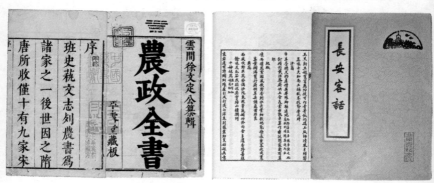

《农政全书》《长安客话》影印图

大。马铃薯抗旱抗寒能力强，生长期短，产量高，得到了官府的高度重视和推广，很快就在西南、中南、西北的高寒带落户，在山坡高地生根发芽，成为中国人的"盘中餐"。康熙二十一年（1682）《畿辅通志》记载："土芋，一名土豆，蒸食之味如番薯。"乾隆四年（1739）《天津府志》记载："芋，又一种小者，名香芋，俗名土豆。"乾隆二十七年（1762）《正定府志》记载："土芋，通志俗呼土豆，味甘略带土气息。"到了19世纪，四川《江油县志》、陕西《宁陕厅志》、新疆《哈密志》、贵州《平远州志》、湖南《长乐县志》等地方志都有关于马铃薯的记载。

6. "飞"入寻常百姓家

马铃薯在传播过程中，不同地区的人们根据当地方言、来源、引进途径、时间、形状、用途等给予它不同的称谓。在我国台湾、福建一带的叫荷兰豆、番仔薯，在广东的叫荷兰薯、爪哇薯、薯仔，大抵是从荷兰、爪哇（今印度尼西亚）等地传播而来。在江浙一带的叫洋番芋、洋山芋，在西北的叫洋芋，在云、

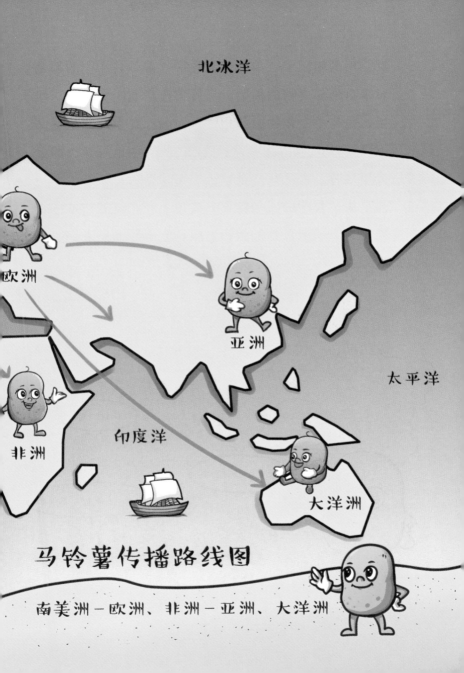

北冰洋

欧洲

亚洲

非洲

印度洋

太平洋

大洋洲

马铃薯传播路线图

南美洲－欧洲、非洲－亚洲、大洋洲

贵、川的叫阳芋、羊芋，大凡带"番""洋"的都是对来自外邦之物的称谓。马铃薯在华北叫山药蛋、地蛋，是与本土作物山药相联系而名；在东北叫土豆，不言而喻，长在土壤里的豆子。还有叫地豆、土卵、爱尔兰薯、番人芋、杨芋、土芋、山药豆、红毛薯、洋芋头、香芋的。马铃薯只要顶上开花就能"取卵"来食，成了老百姓的救命之粮。它不胫而"走"，不

中国各地马铃薯的昵称示意图

翼而"飞"，各地通过各种途径争相引种。在各地这些亲昵如乳名的称呼上可以看出，马铃薯种植已遍及全国各地，成为普通百姓饭桌上的一景。

传说清朝年间，有三名来自山西、浙江、福建的商人，在京师住在同一家客栈，闲来无事，吹嘘起家乡的特产。山西人说，山西有种山药蛋，自古以来金难换，一颗就是一顿饭。浙江人一听，思忖山药蛋不就是洋山芋吗，就戏谑地说，浙江有种洋山芋，个大皮薄赛白玉，吃了百病能治愈。福建人心想能当饭吃能治病算什么，就夸口道，福建有种荷兰豆，拿上金玉无处购，人人吃了能长寿。他们三人的谈笑，正好被经过的店主听见了，店主就说，三人有缘居一处，聊来说去马铃薯，想吃本店就来煮。大家都哈哈大笑起来。

四、科学家们精心培育

1. 马铃薯病了

马铃薯离开故乡后，在世界各地艰难地生长，由于水土不服，患上了各种疾病。18世纪中叶至19世纪下半叶，马铃薯块茎屡遭病毒感染，多种病毒长年复合侵染，马铃薯出现了严重的病毒性退化。

在欧洲，马铃薯卷叶病、晚疫病、癌肿病不断袭来，病原菌侵染马铃薯，使之植株枯死，块茎腐烂，茎秆细弱、叶片卷曲，在很短的时间内，马铃薯植株大面积死亡。1845年，爱尔兰的马铃薯晚疫病，造成严重的减产甚至绝产。仅仅两年，爱尔兰的马铃薯

爱尔兰大饥荒纪念公园雕像

就减产了90%，饥饿致使大量的人口死亡。爱尔兰人唱着"马铃薯，都是黑色的"这样悲凉的歌曲远渡重洋，逃难到北美洲去。

人们认识到，要想获得丰收，必须帮助马铃薯治病。于是，选育优良马铃薯薯种成为各国科学家共同的课题。

2. 寻找"顶端优势"

18世纪中叶以来，世界各国的科学家展开了一场旷日持久的马铃薯栽培技术竞赛。

马铃薯块茎发芽图

人们发现，马铃薯块茎顶部的芽眼较大，里边能长出的芽也较多，具有顶端优势，出苗壮，而块茎侧面芽的长势却弱于顶芽，于是千方百计地选择块茎顶端优势明显的马铃薯作为薯种，马铃薯的产量因此得到了提高。

但时间长了，选来选去，还是会产生退化，所以纯粹选育种薯的方法显然是行不通了。

3. 实生薯

科学家又想到了一个方法：用马铃薯浆果里的种子进行有性繁殖，以排除块茎上感染的病毒。科学家实验发现，实生种子在有性繁殖过程中，能排出一些病毒，继代繁殖的种薯几乎不带病毒。

马铃薯的果实

马铃薯的果实是自授花粉而形成的浆果，有圆形、椭圆形的，里面有100~250粒种子。人们大多熟知西红柿植株上结的浆果，可能还不知道马铃薯的枝头上同样也结着浆果，它的形象与西红柿还有点相像呢。

科学家在秋天采收马铃薯果实，脱出种子，第二年像小麦、玉米一样直接播种籽粒。可是马铃薯自授花粉的实生种子，长出来的苗弱，结的块茎也易畸形，不能完全遗传母本的性状。

20世纪20年代，科学家来到马铃薯的故乡——南美洲，在那里获取了多种野生种质资源，进行人工杂交授粉，选育新品种。

经过多年的精心实验，科学家培育出新的马铃薯实生种子，但在大田种植，还是发芽缓慢，出苗率低，产量低。

4. 试管苗

20世纪50年代，科学家又找到了一个新方法，就是马铃薯茎尖组织培养技术。茎尖是块茎最不易受到感染的部位。经过茎尖剥离培育的脱毒苗，能脱去病毒。

秋季，科学家在田间选择生长旺盛的马铃薯，提

马铃薯试管苗

早收获，待块茎渡过休眠期后，在培养箱内进行茎尖脱毒培养。当薯芽长到两厘米左右时，科学家穿上白大褂，像外科手术大夫一样，拿上解剖刀，切下茎尖，剥去外层大叶片，切下带有叶原基的茎尖生长点，接种到装有特定培养基的试管内进行培养。待长出四至五片叶的小植株时，按节切段，每节带一个叶片，接种于培养基上。如此反复，继代培养，扩大繁殖，培育了足够的试管苗，再移植到大田里栽植。

试管苗摆脱了病毒的感染，恢复了原有薯种的生长发育特性，但在大田种植难度较大。

5. 无土栽培马铃薯

长江后浪推前浪。20世纪90年代，有科学家宣称不需用土壤就能种植马铃薯。千百年来，在土壤中种植作物司空见惯，没有土壤种植还真是不可想象。

科学家发明了基质栽培法。他们选择地势平坦、排灌水方便的地块，用钢管做骨架，上面覆盖尼龙网，建成防虫网室。在室内用砖砌小池作

基质培育马铃薯原原种

为苗床，在底部铺上防虫网，上面铺上蛭石、草炭土和多菌灵混合制成的营养基质，将脱毒苗炼苗后移栽，按规定喷施营养液，分次培土。基质主要是固定植株，生长所需营养由营养液供给。经过3~4个月的生长，每株可获得3~5粒微型薯，个头相当于大豆大小，被称为马铃薯原原种。

微型种薯虽然个头小，但它的生物学特征与同品种的块茎种薯相同，生长能力强，发芽率在95%以上。

18 世纪中叶以来科学家选择块茎顶端优势明显的马铃薯作为薯种。

20 世纪 20 年代，科学家培育出新的马铃薯实生种子，但在大田种植，还是发芽缓慢，出苗率低，产量低。

20 世纪 50 年代，科学家又找到了一个新方法，就是马铃薯茎尖组织培养技术。经过茎尖剥离培育的脱毒苗，能脱去病毒。

20世纪90年代，有科学家发明了基质栽培法。经过3~4个月的生长，每株可获得3~5粒微型薯，个头相当于大豆大小，称为马铃薯原原种。

当无土栽培马铃薯成功后，又有科学家提出了一个更大胆的设想，在空气中种植马铃薯，科学家这次采用的是雾培技术。

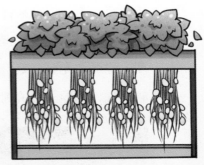

2018年，科学家将"月面微型生态圈"送入了月球表面。这是模拟动植物地球生存环境的圆柱体装置，里面带有水和营养液，在100天的实验期限内，马铃薯、拟南芥开出了月球表面的第一朵花，蚕卵蜕变成虫。

6. 在空气中种植马铃薯

山外有山，人外有人。当无土栽培马铃薯成功后，又有科学家提出了一个更大胆的设想，就是在空气中种植马铃薯。真是越来越"离谱"了。

科学家这次采用的是雾培技术。他们设计建立雾培温室，在室内设置栽培床、栽培槽，以及喷雾槽、营养液调控器系统，将选育好的脱毒试管苗移植到栽培槽的定植孔内。根据马铃薯早、中、晚熟品种，植株的生长阶段，适时适量地雾喷成分不同的营养液，调控温度、湿度和光照。栽培槽下面是结薯箱，由光控调节黑暗条件，诱导马铃薯匍匐茎和试管薯的形成。

马铃薯雾培种植

一个月后，本应在土壤中结的马铃薯块茎，却挂在地下茎上，在空气中舞动。当它们长到4~5克大时分期采收，平均单株结薯达80多个；周年生产，每平方米结薯可达800~1000粒。

雾培技术种出的微型薯，无病毒、体积小、休眠期长，便于保存和运输。

现在看来，科学种田，不是一句空话！

7. 马铃薯的太空梦

进入21世纪，有科学家又"异想天开"，要到太空去种马铃薯。2011年6月，有宇航员就当起了"太空农民"，在空间站开辟"太空菜园"种植马铃薯。

不过，这算不了什么。还有科学家提出挑战，要在外星种植马铃薯。2016年，科学家着手实验，设计了"火星马铃薯"的生长环境实验器，模拟火星的温度、气压、氧和二氧化碳的含量。所用的土壤来自秘鲁干旱的阿塔卡马沙漠，性质接近火星的土壤；薯种来自孟加拉国盐碱土质中繁育的马铃薯。"火星马铃薯"乘坐宇宙飞船，在地球轨道绕行数周后，实验监控镜头传回图像显示，短短几个小时内，马铃薯新芽就破土而出，且长势良好。

实验终归是实验。2018年，科学家真正地将"月面微型生态圈"送入月球表面。这是模拟动植物地球生存环境的圆柱状装置，里面有水和营养液，首批实验者是马铃薯、拟南芥和蚕卵。地面技术控制湿度、养分，光导管吸收月球表面的光进行光合作用，释放的氧气供蚕卵吸收，然后蚕卵排出二氧化碳被作物吸收。在100天的实验期限内，马铃薯、拟南芥开出了月球表面的第一朵花，蚕卵蜕变成虫。科幻片《火星救援》中演绎的火星马铃薯种植的情节，一步步地变成了现实。

科学无止境，只要肯登攀！

未来人们种马铃薯，可能就不是用薯块，而是直接种马铃薯种子了。未来如果在月亮、火星上种植成功，人类在迁往其他星球的征程中就不需要再带别的干粮了。

还能怎样种植马铃薯呢，你可脑洞大开？

五、马铃薯王国盛事

1. "薯"才济济

　　20世纪中期，世界各国的科学家有了一个共同的想法，就是给马铃薯编修家谱。科学家亲自到南美洲去寻找它们的族亲，找到巴巴斯150多个兄弟姐妹，其中20多个与人类关系亲密，可供人类食用。20世纪50年代，科学家给马铃薯建立了名为"种质资源库"的荣誉院，邀请"德高望重者"来此休养生息。1972年，在马铃薯的故乡秘鲁利马市建立了名为"国际马铃薯研究中心"的沙龙，搜集了世界上1.2万份马铃薯原始材料，保存了200多个野生种；建立了马铃薯基因

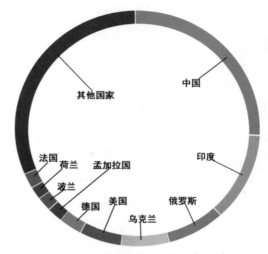

2017 年世界各国马铃薯产量占比情况

世界地图

世界马铃薯主要种植区域分布图

审图号：GS（2016）1665号

自然资源部 监制

世界马铃薯主要种植区域分布图

银行，记录着逾5000种野生与人工培育的马铃薯，当代马铃薯家族成员得以在此聚会。

马铃薯对世界的影响力越来越大。在马铃薯王国里，已有160个国家和地区种植马铃薯，覆盖赤道南北纬40°的几乎所有地区，约2000万公顷农田上，有5000多个不同品种的马铃薯生长着，年总产量近4亿吨。联合国粮农组织对2017年世界马铃薯"英雄排座位"，马铃薯种植面积和总产量列前三位的国家是中国、印度、俄罗斯，收获面积分别达到576万公顷、218万公顷、188万公顷，总产量分别为9920万吨、4860万吨、2959万吨。

2. 千年等一回

中国人用鼠、牛、虎等十二种动物来命名年份，记录人生。那么，用植物来命名年份，而且用作国际社会的年号，你可知道？

事情还得从2005年11月说起。当年在联合国粮农组织会议上，秘鲁常驻代表建议提请联合国大会宣布2008年为国际马铃薯年。同年12月，联合国第60届大会接受了粮农组织的提议。2007年10月18日，联合国

20世纪中期，世界各国的科学家有了一个共同的想法，就是要给马铃薯编修家谱。科学家决定亲自到南美洲去寻找它们的族亲。

在南美洲，科学家找到巴巴斯150多个兄弟姐妹，其中20多个与人类关系亲密，可供人类食用。

　　20世纪50年代，科学家给马铃薯建立了名为"种质资源库"的荣誉院，邀请"德高望重者"来此休养生息。

　　1972年，在马铃薯的故乡秘鲁利马市建立了名为"国际马铃薯研究中心"的沙龙，并建立了马铃薯基因银行，当代马铃薯家族成员得以在此聚会。

第62届大会正式宣布2008年为"国际马铃薯年"。马铃薯由此获得了国际纪年的殊荣,这是继2004年"国际稻米年"后,又一次以粮食作物作主题的年份。

为什么联合国对马铃薯情有独钟?时任联合国粮农组织总干事的雅克·迪乌夫说,设立国际马铃薯年,旨在提高国际社会对马铃薯重要性的认识。在未来20年内,全球预计每年将增长约1亿人口,为保障当代和子孙后代的粮食安全,必须"重新认识被埋没的宝物",促进其生产、加工、消费、销售和贸易以及相关研究和开发。

国际马铃薯研究中心会徽

2008年德国发行的国际马铃薯年纪念邮票

2008年,联合国粮农组织与各国政府以及非政府组织合作,在世界各地举办了马铃薯产业发展论坛、马铃薯世界摄影大赛、马铃薯产品展示博览会等形式多样的活动。人们打扮着马铃薯,述说着马铃薯,品味着马铃薯,马铃薯真是风光无限！

事实上，马铃薯很早之前就拥有了重要的国际地位。早在1993年，第一届世界马铃薯大会就在加拿大召开。世界各国的马铃薯科研机构、加工企业、机械制造商、贸易公司、社会组织及个人都来为"马铃薯联合国大会"成立鼓掌喝彩。此后，每三年一届，先后在加拿大、英国、南非、荷兰、中国（昆明）、美国、新西兰、苏格兰、中国（北京）举办。历次大会，都对"马铃薯王国"的生产、加工、营销以及国际贸易和发展战略之计，展开对话交流。

3. 中国的马铃薯之乡

20世纪末至21世纪初，马铃薯在中国受到热烈追捧，各地纷纷授予马铃薯"荣誉乡民"称号。黑龙江省讷河市、河北省围场满族蒙古族自治县、甘肃省定西市、宁夏回族自治区西吉县、山东省滕州市、内蒙古自治区武川县、陕西省定边县、贵州省威宁彝族回族苗族自治县、河北省沽源县等先后分别被国务院发展研究中心、中国农学会、中国农学会特产之乡组委会、"中国·新西部高层论坛"、农业部、中国食品工业协会、中国特产之乡推荐暨宣传活动组织委员会等命名为"中国马铃薯之乡"。

内蒙古乌兰察布市被命名为"中国马铃薯之都"。甘肃省渭源县、黑龙江省克山县被命名为"中国马铃薯良种之乡"。长城内外、大江南北到处都是马铃薯的家园。

21世纪初，中国以"马铃薯主粮化"的名义，进行了一次全国"薯种"大普查，查出我国共有马铃薯品种400多个。

马铃薯属于茄科茄属一年生草本植物。块茎形态有卵形、圆形、梨形、长筒形、圆柱形；块茎皮色有黄色、白色、红色、紫色、黑色、蓝色；成熟期分早熟、中熟、晚熟；植株形态有直立型、半直立型、匍匐型。它们各有本领，有的以菜用型见长，有的以淀粉加工型为美，有的植株身高2米以上，有的体重3斤有余。下

彩色马铃薯图

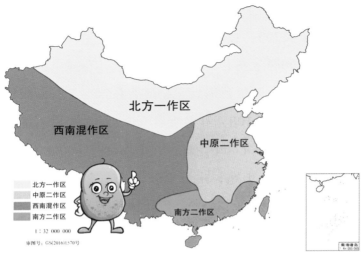

中国马铃薯种植区域分布示意图

中国马铃薯主要栽种品种一览表					
品种名称	块茎产量（千克/亩）	品质性状				
		淀粉含量（%）	干物质含量（%）	还原糖含量（%）	粗蛋白含量（%）	维生素C含量[毫克（每100克含量）]
克新1号	1500~2600	13~14	18.10	—	—	14.40
米拉	1500~2500	17~18	25.60	0.25	1.9~2.3	14.4~15.4
费乌瑞它	1700~3500	12.4~14	17.70	0.30	1.55	.13.60
威芋3号	—	16.00		0.33	—	—
滇马铃薯6号	—	17.00	18.68	0.25		
陇薯3号	2700~3700	20.1~24.3	24.1~30.7	0.13~0.18	1.78~1.88	20.0~27.0
鄂马铃薯5号	2300~3200	18.90	22.70	0.16	2.35	18.40
陇薯6号	2000~3000	20.05	27.47	0.22	2.04	15.50
青薯168	1500~3000	16.40	—	—		
合作88	1500~4500	19.90	25.80	0.30		

中国马铃薯主要栽种品种一览表

面，按其成熟期各选一品，一睹风采。

"东农303，极早熟，生育期50天左右。植株直立，株高60厘米左右，茎、叶淡绿色，花冠白色。块茎扁卵圆形，黄皮黄肉。干物质含量20%左右，淀粉含量13%左右，100克鲜薯维生素C含量14毫克。主要种植在东北、华北、中南地区，平均亩产2000公斤。

克新1号，中熟，生育期95天左右。株型直立，株高70厘米左右，花冠淡紫色。块茎椭圆形、白皮白肉。干物质含量18.1%左右，淀粉含量13%~14%，100克鲜薯维生素C含量14.4毫克。主要生长在东北、华北、西北地区，平均亩产在1600公斤，最高亩产可达2600公斤。

陇薯6号，中晚熟，生育期115天左右。株型半直立，株高70~80厘米，茎绿色、叶深绿色，花冠乳白色。块茎扁圆形、淡黄皮白肉。干物质含量27.5%左右，淀粉含量20%，100克鲜薯维生素C含量15.53毫克。主要种植在西北、华北地区，平均亩产在2000公斤，最高亩产可达4000公斤。"

华夏代有"薯"才出，各显风采地田中！

4."薯"一"薯"二

人以"事业"为重，马铃薯以"产业"为重。马铃薯王国的事务逐渐增多，中国各地的马铃薯竞赛评比活动接连不断，争个"薯"一"薯"二，也是常事了。

七月初的华东大地，草木葱茏，生机勃勃。大片的田地里，马铃薯已吃饱喝足，健硕的身躯撑破了土皮，迫不及待地探出头来，准备迎接"土豆王"挑战赛。今年是第六年摆擂台了，"中薯"队志在必得，去年只差0.1斤，输给了"克新"队，至今还惋惜不已。

比赛时间终于到了，经过层层选拔，3斤以上的土豆终于有了一展身姿的机会。今年参赛的土豆，比往年更多。在薯领队的带领下，预选的准土豆王们先后登台亮相。当它们一个个脱去披在身上的外罩，露出薯队名称、参赛编号和重量时，台下一片惊叹。每个参赛的土豆都有自己的优势，但是强中更有强中手，大家都憋着一股劲。"土豆王"不但要体重第一，而且还要长得漂亮，外形美观、表皮光滑、芽眼浅、无损伤。尤其是同等重量的，颜值就更重要了。"土豆

　　大片的田地里，马铃薯已吃饱喝足，健硕的身躯撑破了土皮，迫不及待地探出头来，准备迎接"土豆王"挑战赛。

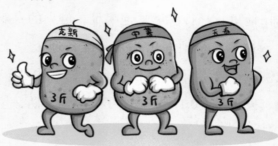

　　比赛时间终于到了，经过层层选拔，3斤以上的土豆终于有了一展身姿的机会。在薯领队的带领下，预选过的准土豆王们先后登台亮相。

　　"土豆王"不但要体重第一，而且还要长得漂亮、外形美观、表皮光滑、芽眼浅、无损伤。"土豆王"的金腰带系在谁身上，就看专家们的评审了。

　　比赛现场，几千人呐喊助威，啦啦队声此起彼伏。中薯队的口号是"薯我强"，克新队的口号是"美薯我"，天泰队的口号是"薯于我"。

　　经过称重、综合评比，主持人郑重宣布，重达3.9斤的"土豆王"问鼎宝座，现场顿时欢呼声、鼓掌声响成一片。体形硕大的"土豆王"站在领奖台上，金光灿灿、芽眼笑开。一时镁光灯闪烁不停。

王"的金腰带系在谁身上，就看专家们的评审了。

为了争夺今年的"土豆王"，薯领队们准备了七十多个日日夜夜。种植前，对土地深松细耕，精心地除草、施肥。出苗后，适时地培土、杀秧、收获。真是历尽千辛万苦。

比赛现场，几千人呐喊助威，啦啦队声此起彼伏。中薯队的口号是"薯我强"，克新队的口号是"美薯我"，天泰队的口号是"薯于我"。台下笑声阵阵，薯领队都睁大了眼睛，希望自己的参赛土豆获得王位。昔日在田地里被晒得皮肤黝黑的农业专家，此时穿着整洁，风度翩翩，戴着雪白的手套，在台上不停地把准土豆王们摆来弄去，评头品足，人群中不时传来喝彩声。经过称重、综合评比，主持人郑重宣布，重达3.9斤的"土豆王"问鼎宝座，现场顿时欢呼声、鼓掌声响成一片。体形硕大的"土豆王"站在领奖台上，金光灿灿、芽眼笑开。一时镁光灯闪烁不停。薯领队也被请上了台，他身披绶带，频频抬手致意，台下观众都投来了敬佩的目光。夺得奥运会冠军也不过如此！

中国是世界马铃薯种植最多的国家。在中华大地上，这样"土豆王"争霸赛每年在全国各地不断上演。广东省惠东县、中山市，山东省滕州市，内蒙古自治区乌兰察布市、安徽省明光市，宁夏回族自治区都先后举办了各式各样的"马铃薯王""土豆大王""马铃薯机收技能""马铃薯种植大王"的评比大赛。

若要了解更多"马铃薯"赛事，请随时关注"马铃薯"频道！

六、马铃薯储藏知多少

1. "洞府"养生

寒来暑往，秋收冬藏。

北方的田野里，秋风拂来，带着<u>丝丝</u>寒意。马铃薯的叶色由绿逐渐转黄，有的开始枯萎，有的已经倒伏，这意味着茎叶中的养分慢慢地停止向块茎输送，薯块成熟了。丰收季来临，人们满怀喜悦地着手为马铃薯修"洞府"建"金屋"，迎接马铃薯休眠了。

与种植一样，马铃薯贮藏也始终伴随着人类的实践活动。不难想象，印第安人最初采挖马铃薯回来之后，或是随意堆放在露天，或是丢置在茅屋墙角，但冬去春来，马铃薯不是腐烂就是长芽。在狩猎采集时代，贮藏马铃薯就如同幼儿学走路一样，是一件十分不易的事。

不过，今天的人们早已熟悉了马铃薯的禀性，"洞府"养生，对温度、湿度、空气、日照颇有讲究。马铃薯收获后还要经过后熟期、休眠期和萌发期三个生理阶段。在这三个阶段里，作为生命体的马铃薯薯块仍然进行着呼吸、蒸腾、成熟等生理生化活动，会不断地吸收氧气，释放出二氧化碳、热量和水分。温度对马铃薯块茎中淀粉和糖的转化影响很大，温度过低，淀粉向糖转化，食用品质会下降；温度过高，易发生腐烂霉变，诱发萌芽。同样，湿度过高也会使马铃薯发芽、腐烂，湿度过低薯块会失水皱缩。过多地受到日光照射马铃薯表皮会变绿，龙葵素含量会增加，对人体有毒害。显然，贮藏环境中温度湿度或高或低，都是会影响薯块生理生化活动的。因此，贮藏马铃薯必须创设优越舒适的休息睡眠环境，才能使其保持新鲜度与营养成分，保证食用、加工和种用的品质。

马铃薯一来到中国，就入乡随俗，被请进"洞府"。窖穴储藏分窨窖、地窖两种形式。在北方农村，或是在有山体的地方，直接修出剖面，掘成窑洞；或是先在平地向下掘一方坑，再从侧面向里向下同时掘进而成地下窑洞。窑洞一般用于农家贮藏。窖穴的大小，可根据地形及贮藏量而定。

如果马铃薯贮藏数量较大的，又是在平原或丘岭没有山体的地方，则以建筑式窨窖为主。窖址选定之后，按照设计要求，在地面上开挖出正方形或长方形的地槽，夯实地基后，就用砖混砌出墙壁，建好进风口和排风口。窖顶建成砖拱形或预制板形，之后回土

马铃薯窖藏

填埋，覆土厚度要大于当地的冻土层。"洞府"深几许，斜径通进出。依地面条件再建设缓坡式或台阶式的通道。

窖内可散装堆放，亦可袋装堆垛，窖内和袋内都不能装得太满。随着季节的变化，通过堵塞或开放窖口、通气孔，通风换气，调节窖内温度、湿度。

2. "金屋"藏鲜

常言道：百里不同风，千里不同俗。根据地域气候条件，以及马铃薯播种与收获季节不同，马铃薯鲜薯贮藏方法也有不同。北方因冬季寒冷，土壤易冻结，多采用地下窖藏的方法；南方因冬季温度较高，多采用地上通风库贮藏的方法。

通风库一般建在地下水位高的地方，有地上的、半地下的。它是砖、木、水泥结构的房屋式建筑，建有完善的通风、鼓风和隔热、防潮设施。根据热空气上升，冷空气下降的对流原理，进气口在库底，出气口在库顶。马铃薯贮藏后，随着昼夜轮回，库顶与库底的温差使新鲜冷空气自然进入，热量、二氧化碳、水汽等顺势排出。这样库内就能保持适宜的温度、湿度，使马铃薯的新陈代谢速度降低，呼吸作用变弱，水分蒸腾减少，生命活动进入相对静止状态，从而达到"保鲜"的目的。

当然，想要长时期保鲜马铃薯，采收时节的把握、贮前的晾晒、贮期管理也是很重要的。

马铃薯采收期要适宜。采收过早，薯块成熟度不够，干物质积累少，会影响产量。采收过晚，会增加病虫害侵染危害的机会，并且易受冻。对于生长茂盛的田块，收获前要割秧并运出田外，使地面暴露于阳光下晾晒三五天，促使马铃薯薯皮老化、木栓层加厚，减少搬运过程中的破皮损伤，减少病菌侵染风险。要选择晴天及土壤干燥时收获，马铃薯出土后要晾晒几天，散发水分，降低体内"田间热"，提高薯块的耐贮性和抗病菌能力。

马铃薯入库前要进行挑选，要保持块茎完整、薯皮干燥，剔除病薯、烂薯、虫蛀薯、畸形薯和伤皮薯及其他杂质。入库时需打扫库房，用50%多菌灵可湿性粉剂800倍液喷洒墙壁和地面。库内贮藏一般用网袋包装，库内堆垛。堆高不超过1.5~2米，薯堆的宽度在2~3米之间。初入库时，应将门、窗及进气口打开，最

马铃薯库藏

大限度导入外面冷空气，排除库内热空气；当库内温度降到较低水平时，要减少通风量和通风时间，以维持库内温度相对稳定。对大多数马铃薯品种来说，贮藏温度需要保持在3℃~5℃之间，相对湿度需要保持在80%~90%之间。通风库鲜薯贮藏时间一般都是7个月左右。

如果想要保鲜贮藏一年或更长的时间，则必须采用机械冷藏、气调贮藏、减压贮藏等技术。库房内须有"空调"和"加湿器"等设备，使薯块"养尊处优"，才能保持良好的身材和颜值。

　　马铃薯采收期要适宜。采收过早，薯块成熟度不够，干物质积累少，会影响产量。采收过晚，会增加病虫害侵染危害的机会。

　　对于生长茂盛的田块，收获前要割秧并运出田外，使地面暴露于阳光下晾晒三五天，促使马铃薯薯皮老化、木栓层加厚，减少收获搬运过程中的破皮受伤，减轻病菌侵染。

　　要选择晴天及土壤干燥时收获，马铃薯出土后要晾晒几天，散发水分，降低体内"田间热"，提高薯块的耐贮性和抗病菌能力。

　　入库窖马铃薯要保持块茎完整、薯皮干燥，别除病薯、烂薯、虫蛀薯、畸形薯和伤皮薯及其他杂质，防止入库后传染其他无病的块薯。

　　入库前需打扫库房，用 50% 多菌灵可湿性粉剂 800 倍液喷洒墙壁和地面。库内贮藏一般用网袋包装，库内堆垛。初入库时，应将门、窗及进气口打开，最大限度导入外面冷空气，排除库内热空气。如果想要保鲜贮藏一年或更长的时间，则必须采用机械冷藏、气调贮藏、减压贮藏等技术。

七、薯的华丽转身

1. "朱诺"与"杜塔"们

再来说说马铃薯加工。

古代印第安人探索出马铃薯块茎冻干技术，制作的"朱诺"与"杜塔"是世界上最早的马铃薯加工产品，便于储存、运输。

让我们穿越回古代印第安部落。

公元前1100年的初冬，安第斯山区的早晨异常清冷，光秃秃的树木在寒风中瑟瑟发抖，大地上铺了一层薄薄的雪，河水也寒冷刺骨。

天还没亮，印加部落的人们就忙碌起来，他们要准备过冬的食物。趁着大雪还未封山，男人们带上木棍、石簇，结伴上山打猎去了。妇女们趁着寒气袭来，制作马铃薯干。马铃薯已是印第安人的主要食物了，但它易腐烂，不好储存，必须制作成朱诺、杜塔。制作朱诺需要把马铃薯块茎一次性冻干，然后移入浅水池中，浸出体内的毒素和异味，再捞出来慢慢晒干。太阳还未出来，马铃薯已堆放在雪地里了。它们被盖上厚厚的莎草和香蒲，以防被阳光晒软。一个多月后，朱诺制好了，块体洁白，数量足够过冬。

安第斯山区昼夜温差大，白天太阳出来升温很快，夜晚气温又急剧下降。今年采挖的马铃薯很多，尽管妇女们十分卖力，但由于苦盖不严实，有些马铃薯还是被太阳晒软了，向外溢水。为了让块茎里的水尽快脱完，她们索性就把这部分单独移出来，任凭晚上冷冻，白天暴晒。有时干脆赤脚上阵踩踏，把多余的水份挤出来。这样冷冻晒干，再冷冻再晒干，反复几次，很快就制成了全身发黑的杜塔。杜塔在品质上虽没朱诺好，但制作起来却快得多。

人类认识世界、改造世界的途径，就是发现、掌握和运用事物的规律。朱诺和杜塔，或许就是印第安

朱诺与杜塔

部落的人，冬天在野外寻找食物时，偶然捡到了野地里被冻干的马铃薯块茎，心中顿悟，在下一个冬天来临之际，有意为之的。

无独有偶。马铃薯来到中华大地，也给予了中国人同样的灵感。中国境内地形复杂、气候多样，历史上干旱、洪涝、冰雹等各种自然灾害不断，加之战乱频仍，老百姓啃树皮吃野菜是常有的事。马铃薯在清代乾嘉之际就成了老百姓的救命食物，但还是难以抵抗接连不断发生的饥荒。试想，饥饿的人们在寒风凛冽的田野里寻找食物，忽然发现上年收获时遗弃在田里的马铃薯，虽然干瘪，却还能食用，简直就是天大的惊喜。饥饿的记忆，增长了人们的见识，从此制作

家庭制作马铃薯干

储藏马铃薯干也就成了生存之道。每年秋天马铃薯收获时，人们或将马铃薯切成块（条），或把个头小的块茎放在场院里、房屋顶上任凭风吹日晒、霜覆雪盖，制成马铃薯干收贮起来，预防灾荒。这和古代印第安人的"朱诺"与"杜塔"，有着异曲同工之妙。

马铃薯干体积只有原来的五分之一，不但解决了鲜薯容易变质的问题，还可以保存数年甚至数十年不损失营养成分，这是古今中外劳动人民的智慧结晶。

2. 淀粉是怎样"炼"成的

同样的灵感，在马铃薯成为世界各地的食物时又产生了。有人烹饪马铃薯，在倾倒清洗薯块的废水时，偶尔发现盆底粘着一层白白的沉淀物，刮下来，晾出了白色的粉末——马铃薯淀粉被发现了。

这一发现意义重大。时间不长，人们就不用从清洗马铃薯切片的废水里等待淀粉了，而是干脆把整个块茎弄碎，放在水里沉淀，很快就能获得很多的马铃薯淀粉。在农耕时代，用这种方法制作马铃薯淀粉很普遍，后来又出现了专门的作坊，马铃薯淀粉也被当作商品来买卖了。

当然，家庭制作马铃薯淀粉的技艺也代代相传。烹饪时，因家就简，即制即食，既实惠又方便。选好洗净马铃薯，用擦子把它锉成细碎的浆粉，倒在放有筛网或滤布的盆上，用清水冲洗，把粉汁冲到盆里，粉渣留在盆上。如此反复，直到把淀粉汁全部挤揉完。澄清后，倒去盆中暗红的水，盆底就是白色的浆乳，收集起来晒干，就得到淀粉食材了。大凡以马铃薯为食者，都能制作，一学就会。

往事越千年。当今世界，工业技术日新月异，马铃薯淀粉加工又是另一番景象了。

在马铃薯主产区，马铃薯淀粉厂应运而建。高大宽敞的厂房，组合有序的机器，纵横交错的管道，景致别样。马铃薯遇"机"重生，前边还是滚滚的"金蛋"，后边就是白花花的淀粉了。

一车车的马铃薯从田间来到厂区，顾不上休息，就源源不断地进入了清洗转笼，它们排着整齐的队列，有序地上下翻转螺旋前移，一遍遍地享受着清洁的喷淋，把满身的泥土、沙石一洗而光。随着锉磨机的轰鸣声，马铃薯华丽转身，碎化为粉浆。离心筛的华尔兹乐曲响起来了，转起来，旋起来，离心力使浆

有人烹饪马铃薯，在倾倒清洗薯块的废水时，偶尔发现盆底粘着一层白白的沉淀物，刮下来，晾出了白色的粉末——马铃薯淀粉被发现了。

时间不长，人们就不用从马铃薯切片的废水里等待淀粉了，而是干脆把整个块茎弄碎，放在水里沉淀，很快就能获得很多的马铃薯淀粉。

当然，家庭制作马铃薯淀粉的技艺也代代相传。烹饪时，因家就简，即制即食，既实惠又方便。

选好洗净马铃薯，用擦子把它锉成细碎的浆粉。

倒在放有筛网或滤布的盆上，用清水冲洗，把粉汁冲到盆里，粉渣留在盆上。如此反复，直到把淀粉汁全部挤揉完。

澄清后，倒去盆中暗红的水，盆底就是白色的浆乳，收集起来晒干，就得到淀粉食材了。

　　一车车的马铃薯从田间来到厂区，源源不断地进入了接续不断的清洗转笼，享受着清洁的喷淋，把满身的泥土、沙石一洗而光。

　　随着锉磨机的轰鸣声，马铃薯华丽转身，碎化为粉浆。离心筛使浆渣顺利分离。黏糊糊湿漉漉的粉浆，又在多组旋流器中分离掉蛋白质和细纤维。

伴着机器的转动节奏，淀粉乳又投身真空脱水机中，化身为淀粉颗粒。

湿淀粉进入气流干燥机，就来到了火热的世界。

高速转动的叶轮把淀粉颗粒高高抛扬，伴随热气流一起飞入干燥管，热量有加，水分再沥，纯净的马铃薯淀粉就诞生了。

渣顺利分离。黏糊糊湿漉漉的粉浆，又马不停蹄地穿梭在多组旋流器中，蛋白质和细纤维不断地招手再见。伴着机器的转动节奏，淀粉乳又投身真空脱水机中，抖落水分，化身为湿淀粉颗粒。

人要在大风大浪中锻炼中成长，马铃薯淀粉也是在"大浪大风"中制造成品的。湿淀粉进入气流干燥机，高速转动的叶轮把淀粉颗粒高高抛扬，伴随热气流一起飞入干燥管，热量有加，水分再沥，纯净的马铃薯淀粉就闪亮登场了。

3. 并不简单的薯片

提起马铃薯片，人们并不陌生，尤其是喜爱零食的食客们！那么，薯片是怎么加工出来的呢？

薯片，顾名思义，就是把薯块切成片罢了。你说的没错，人类食用的第一片薯片，就是在厨房里用刀切出来的，这是传统的天然薯片的制作方法。但要说薯片是用马铃薯全粉与其他面粉等合成面团用模具压制而成的，也许你并不知道。

是的，你在超市里购买的薯片可能不是土豆切片的，而是工厂里生产的马铃薯复合薯片。

请你穿上工作服、戴上工作帽，套上鞋套，通过紫外线消毒间，进入马铃薯片加工车间参观一下吧！顺着参观走廊，你会看到一个全新的世界：和粉机敞开怀抱，把一袋袋

马铃薯粉条

的马铃薯淀粉和玉米粉揽入胸腔，凭借机器满腔热情地鼓动，和着精心配制的液料，面粉上下翻滚，很快就紧密无间地抱成了面团。压片机辊闪着银光，在面团旁频频招手，面团钻过对辊间狭窄通道，即化身为一片白色的平缓的瀑布，随着传送带一路滚滚向前，流过旋转式成型机，就泛起了层层涟漪，转化为一片片的薯片。它初来乍到，精神饱满，一路赶"烤"，投身烘干机焙烤，热压膨化，就金光灿灿地面世了。它就是薯片，但不是一块"薯"上切出的"片"。它既可直接食用，也可用作其他食品的加工原料。

这是多么美妙啊！在现代化的薯片加工厂，我们还能欣赏到别样的"银河落九天"的壮观，感受"奔流到海不复回"的神奇！

请进入马铃薯片加工车间参观一下吧!

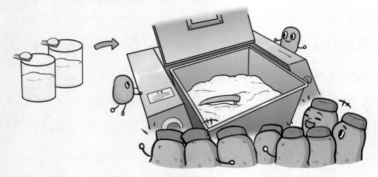

和粉机敞开怀抱,把一袋袋的马铃薯淀粉和玉米粉搅入胸膛,面粉上下翻滚,很快抱成了面团。

面团钻过压片机对辊间的狭窄通道,即化身为一片白色的平缓的瀑布,随着传送带一路滚滚向前。

流过旋转式成型机，转化为一片片的薯片。

它一路赶"烤"，投身烘干机焙烤，热压膨化，就金光灿灿地面世了。

它既可直接食用，也可用作其他食品的加工原料。

马铃薯薯片

不知从何时起，人们似乎对薯片有了偏见，认为它是膨化食品，是肥胖的根源，其实膨化只是一种加工方法而已，真正的罪魁祸首是不规范的操作和添加剂过量的添加。

本是同薯生，但由于加工工艺不同、加工的配料不同，"薯片"也是多种多样的，有脱水马铃薯片、有油炸马铃薯片，有速冻马铃薯片……

马铃薯可以加工成千余种产品，除了食用外，还广泛应用于医药、建材、造纸、纺织、化工等行业。

千般"薯"变，让马铃薯身价倍增！

八、舌尖上的马铃薯

1. 锅锅炉烧洋芋

秋日，黄土高原，天高云淡，到处都是收获马铃薯的景象。山间地头不时有袅袅炊烟升腾起来，这是在做"锅锅炉烧洋芋"了。

有田间挖洋芋的，有地头烧洋芋的，丰收的喜悦洋溢在每个人的脸上。在有土坎且土质较硬的地方，先把剖面铲齐，向里挖出灶台门似的小洞口，待挖到一定深度后，再从上面向下挖，上下连通，修成灶台样的"锅锅炉"。当然，灶膛和上面圆口的大小，要根据洋芋的多少来定。接着，用备好的土块沿着上面圆口一圈圈往起垒，越向上口越小，形成一个尖塔状。在灶膛里放进柴草点燃，熊熊火苗伴着浓烟在尖塔的空隙间呼呼地窜出，一直把尖塔的土块烧红烧透。洋芋下"锅"前，先把灶膛里的炉灰掏出来，不然先放入的洋芋会被烧焦。随后，用大土块把灶门封住，把尖塔打开一个缺口，边向灶膛里扔洋芋边向下捣土块，待洋芋和土块全部埋进了炉膛，就迅速地将整个灶台捣烂拍碎，再铲来湿土，厚厚实实地埋起来，不让一点热气走漏。大约40多分钟后，洋芋就熟了。挖开灶膛，一粒粒圆滚滚的洋芋就坦露出来，掰开后，一股芳香扑鼻而来，就地而食，野味十足。

"锅锅炉烧洋芋"场景图

锅锅炉烧洋芋，也许是当今世界上最原始的马铃薯烹饪方法了。大道至简，如此烧洋芋之法，不用锅碗，也不用清洗，也可算是最高明的烹饪法了。

当初，印第安人面对采挖来的巴巴斯，点燃篝火，将石头烧热再把巴巴斯放在石头上烤熟时，肯定不会想到，在千百年之后，在中国的黄土高原，还有这么一种烧洋芋之法。

2. "洋芋擦擦"的味道

"洋芋擦擦"是西北、华北地区的一道地方风味小吃。虽说是小吃，但也有许多讲究。主料洋芋质量要上好，配料面粉、西红柿、植物油、青椒、姜、蒜、葱应多样，调味品食盐、花椒、香醋、酱油、鸡精需尽有。烹调方法是先"蒸"，后或"炒"或"拌"。"蒸"是前奏曲，洋芋削皮擦成较粗的丝，用清水涤净淀粉，沥干拌上面粉，上锅蒸熟。想吃"炒洋芋擦擦"的话，起锅烧油，放入花椒、姜蒜末、青椒爆香，然后倒入蒸熟的洋芋丝翻炒，再加盐、鸡精、酱油，大火翻炒，出锅装盘。要尝"拌洋芋擦擦"的话，将蒸熟的洋芋丝盛入大碗，调拌上葱炝香油、蒜泥、西红柿酱、酱油、香醋和食盐即可动口。同样是"洋芋擦擦"，陕西、甘肃、宁夏、山西各地的"调""配"不同，做出来的味道也是不一样的。

说起"洋芋擦擦"，还有一段传说。清朝康熙年间，陇右地区旱涝灾害不断，老百姓生活十分困难，只有依靠洋芋充饥，上顿下顿，不是烤洋芋就是蒸洋芋，一点味道都没有。有一名聪慧的农妇想了一个办法，她把洋芋用擦子擦碎，和上一点点面，撒上盐，放在锅里蒸熟，吃起来别有风味。有一天，康熙皇帝微服私访来到了村里，又饥又渴。农妇给他端来了自己做的洋芋擦擦，康熙皇帝吃后感到味道鲜美，夸赞农妇手艺高明。他问农妇这道美食叫什么名，怎样做出来的。这是饥荒年糊口之食，有什么菜名呢，农妇一时着急，就随口说是"洋芋擦擦"，并如实地告诉康熙皇帝，只不过是把洋芋擦成丝和上面蒸熟罢了。回到京城后，康熙皇帝山珍海味吃腻了，忽然想起陇右农妇做的洋芋擦擦，他让太监叫来御厨，告诉他们如何烹饪，结果又觉得御膳房做的怎么都没有农妇做的好吃。还是御厨们聪明，他们干脆把蒸好的洋芋

清朝康熙年间，陇右地区旱涝灾害不断，老百姓生活十分困难，只有依靠洋芋充饥，一点味道都没有。有一名聪慧的农妇想了一个办法，她把洋芋用擦子擦碎，和上一点点面，撒上盐，放在锅里蒸熟，吃起来别有风味。

回到京城后，康熙皇帝山珍海味吃腻了，忽然想起陇右农妇做的洋芋擦擦，他让太监叫来御厨，告诉他们如何烹饪，结果又觉得御膳房做的怎么都没有农妇做的好吃。

还是御厨们聪明，他们干脆把蒸好的洋芋丝，配以各种辅料、调味品，做成了炒洋芋擦擦，果然非常美味。后来，这种做法又传到了民间，才有了今天的炒洋芋擦擦这道美食。

炒洋芋擦擦的故事

丝，配以各样辅料、调味品，做成了炒洋芋擦擦，果然非常美味。后来，这种做法又传到了民间，才有了今天的炒洋芋擦擦这道美食。

3. 不一样的"土豆烧牛肉"

苏联的"土豆烧牛肉"在中国很有知名度，人们认为"土豆烧牛肉"是苏联的名菜。其实，这只是当年中苏之间的一场意识形态论战的代名词。20世纪60年代，中国和苏联之间的关系处于低谷时期，毛泽东写了一首词《念奴娇·鸟儿问答》。其中用"不见前年秋月朗，订了三家条约。还有吃的，土豆烧熟了，再加牛肉"句，嘲讽苏联领导人将共产主义比喻为"土豆烧牛肉"的好菜。在那以后，所谓"土豆烧牛肉"的共产主义，就成为中苏论战的话题，为广大读者所熟知。

那么，想吃美味的"土豆烧牛肉"该怎么做呢？先备食料，牛肉、土豆、葱、姜、蒜、青椒、精盐、味精、花椒、辣椒、酱油、植物油。

原料改刀。牛肉洗净切四方块，土豆去皮成滚刀块，青椒剖开切成条，姜蒜拍松剁成末。

牛肉煮熟。在盆里用清水浸涤掉牛肉血沫后，即入葱姜炒香的锅里翻炒，再倒入高压锅中，加桂皮、八角、香叶，煮八成熟，备用。

土豆炸香。锅中倒入植物油，烧七成熟时，放入土豆块炸成金黄色，漏勺捞起沥去油，待用。

入锅炖煮。再次起锅放油，葱蒜姜末炝出香味，次第放入辣椒、精盐、花椒水、酱油，添加清汤，放进备好的牛肉块和土豆块。大火烧开，改置中小火炖煮，等熟透后，调入青椒、味精，出锅装碗。

真是"此味只应我家有，他厨难得一回闻"。

土豆烧牛肉

4. 马铃薯的"国吃"

在世界各国，马铃薯都是有名的"国吃"。有法式烩土豆、韩式鸡肉炖土豆、俄式土豆沙拉、美式冻辣马铃薯汤、意大利风味马铃薯泥、日本风味马铃薯泥、德国的土豆羹、犹太风味马铃薯饼、西班牙的鸡蛋土豆煎饼、瑞士马铃薯饼、爱尔兰的马铃薯司康

马铃薯的"国吃"（各国"国菜"拼图）

饼、西班牙人的土豆鸡蛋饼、挪威的小马铃薯沙拉、瑞典的青鱼拌马铃薯、奥地利的马铃薯丸子、匈牙利的土豆牛肉汤、波兰人的土豆饺子，英国人的鱼薯等等，并且每道佳肴都有些来历。

荷兰有一道"国菜"，是马铃薯、胡萝卜、洋葱大杂烩。话说1566年，荷兰爆发了反抗西班牙统治的起义。战争中，西班牙军队包围了荷兰的起义中心莱顿城，荷兰起义军在城中苦苦坚守了三个多月，把城中所有的粮食，甚至连猫、狗、老鼠都吃光了。在起义军与市民奄奄一息之际，援军到了，一举击溃了西班牙军。城中被围困的人们一涌而出，他们寻找到了一些马铃薯、胡萝卜和洋葱。饥不择食的人们把这三种食物一锅煮，拿来充饥，觉得这是平生最好吃的美食。荷兰独立后，这道菜被定为"国菜"，每年的10月3日全国人民都要吃，以示不忘沉痛的历史。

又有传说，有一年冬天，比利时人吃不到鱼，就把马铃薯削成了鱼的形状以画饼充饥，被油炸的马铃薯条，金黄酥脆，外焦里嫩，一下子成为当地的美食。光炸薯条还显单调，在英国，有个犹太人在伦敦开餐厅时，将炸鱼和炸薯条配套售卖，名曰"鱼

薯"，广受欢迎。据说，19世纪英国有万余家炸鱼薯
条店，后来炸鱼薯条成了英国的"国宴"餐品。

5. 马铃薯厨艺大赛

　　要说中国的马铃薯美食，真是不可胜数。马铃薯
营养丰富，烹饪方式多样，搭配其他食材可以做成各
种各样的美味佳肴。

　　2015年中国启动马铃薯主食产业化项目，用马铃
薯掺和其他食材做成各种主食，使马铃薯身价倍增。
有厨师做了专门研究，马铃薯在食料加工技术上可切
片、擦丝、挫丁、捣泥、制粉；在熟化技术上可烧、
烤、蒸、煮、炸、煎、爆、炒、烩、焖、炖、焙、
焯、烙、炝、熘；在食材搭配上，可与大米、面粉、
蔬菜、肉蛋、水果、调料随心搭配。

　　有一社区，连续举办了几届马铃薯厨艺大赛。

　　第一届比赛，要求以马铃薯为食材烹制美食，选
送参评。评委会收到的参赛作品以马铃薯全粉、泥、
浆、渣为原料，制作成的马铃薯馒头、面条、米粉、
米线、煎饼、莜面、胡辣汤、麻酱烧饼、馕、汤圆、
年糕、月饼、面包、饼干、麻花、蛋糕、热干面、土

豆烧等等。有参赛者还烹制了马铃薯宴，菜品均以马铃薯为食材，六凉八热一汤，名曰"华夏薯光"。号称专家的评委们一时傻了眼，因事先没有想到有如此多的参赛佳肴，不知怎么来评定。

第二届马铃薯厨艺大赛如期举办，主办方吸取了上届的经验教训，设计了新的赛制——只许用土豆片、食用油、调味料。结果端上来的参赛作品有炸土豆片、煮土豆片、炒土豆片、烤土豆片、拌土豆片、煎土豆片，运用各种熟化技术，烹制出各样风味。如，同是炸土豆片，因切片的形状薄厚、炸前淀粉焯水、入锅时火候油温不同，炸出的土豆片，有的金黄灿灿、有的不黄不白。适时出锅入盘，搭配的调料不一，有的麻辣酥松，有的香辣焦脆。闻着香喷喷，吃得美滋滋。

第三届马铃薯厨艺大赛，主办方准备了宽敞的大厨房，锅碗瓢盆一应俱全，先预赛后决赛，现场烹制。主要食材为土豆、青椒、葱、蒜、食用油、调味料等。菜名定为炒土豆丝，烹制方法为炒。厨艺选手早早到场，头戴高帽，身着洁白的制服，围着紫色围裙，个个志在必得。主持人一声令下，顿时，去皮切

马铃薯厨艺大赛

有一社区，连续举办了几届马铃薯厨艺大赛。第一届，比赛要求以马铃薯为食材，烹制美食，选送参评。

号称专家的评委们一时傻了眼，因事先没有想到有如此多的参赛佳肴，不知怎么来评定。

第二届马铃薯厨艺大赛，设计了新的赛制——只许用土豆片、食用油、调味料。

第三届马铃薯厨艺大赛，主办方准备了宽敞的大厨房，锅碗瓢盆一应俱全，先预赛后决赛，现场烹制。

土豆丝与土豆片

丝、刀砧交响。这边土豆丝还没洗净，那边土豆丝已入锅。按比赛规定，同一品名的炒土豆丝，不但要品色香形味，还要看烹饪快慢。不一会儿，醋熘土豆丝、酸辣土豆丝，青椒土豆丝、干煸土豆丝、清炒土

马铃薯宴席

豆丝……纷纷炒熟出锅，盛入盘中，色香味俱全，让人垂涎欲滴。

真是不炒土豆丝，难成一日炊！马铃薯改变着中国人民的饮食习惯和烹饪技术。

九、十全十美的食物

1. 患难见真情

在安第斯山区，世人与薯生初次相见。世人刚刚从亚马孙河流域而来，十分疲惫，薯生慷慨相助，及时为世人送去了营养，使世人得以生存下来，从此他们成为患难与共的朋友。

几千年过去了，他们生活得自由自在，养得身强力壮，有了更大的志向，决定要征服整个世界。

世人决定把薯生带到欧洲去。他们登上帆船，沿着大西洋，一路漂泊，来到了西班牙。因为旅途劳顿，薯生生病了，浑身变绿，给世人提供的营养物中龙葵素过多，让世人中毒了。这件事影响很大，世人认为这是薯生有意谋害，从此他们之间关系变得时好时坏、忽近忽远。

天有不测风云，人有旦夕祸福。在欧洲"七年战争"中，世人被俘虏了，囚禁期间，玉米、小麦及蔬菜都离他而去，只有薯生陪伴着他。薯生含有80%左右的水分，18%左右的淀粉，有0.6%—0.8%的膳食纤维。薯生发挥自身支链淀粉和膳食纤维不易被消化、水分量大的优势，形成较大的食团充实到胃，增加了世人的饱腹感，减少了饥饿感，帮助世人渡过了难关。为报答救命之恩，世人又决定把薯生带到亚洲、非洲和北美洲各地去。

新的航行开始了。在海上一颠簸就好几个月，因为长时间吃不到新鲜的蔬菜和水果，世人患上了坏血病（即维生素C缺乏症），牙齿血流不停。薯生挺身而出，为世人提供了维生素C。世人保住了性命，也渐渐恢复了精力。患难逢知己，世人对薯生刮目相看。原来薯生富有维生素A、B、C、E、M，是所有粮食作物中维生素种类最全的，其中维生素C含量最为丰富，是苹果的10倍。同样，世人若缺乏了维生素A、维生

在安第斯山区，世人与薯生初次相见。薯生慷慨相助，及时为世人送去了营养。

几千年过去了，他们生活得自由自在，养得身强力壮，有了更大的志向，决定要征服整个世界。

世人决定把薯生带到欧洲去。他们登上帆船，沿着大西洋，一路漂泊，来到了西班牙。因为旅途劳顿，薯生生病了，浑身变绿，给世人提供的营养物中龙葵素过多，让世人中毒了。

这件事影响很大，世人认为这是薯生有意谋害，从此他们之间关系变得时好时坏、忽近忽远。

在欧洲"七年战争"中，世人被俘虏了，囚禁期间，玉米、小麦及蔬菜都离他而去，只有薯生陪伴着他。

薯生发挥自身支链淀粉和膳食纤维不易被消化、水分量大的优势，形成较大的食团充实到胃，增加世人的饱腹感，减少饥饿感，帮助世人渡过了难关。

新的航行开始了。因为长时间吃不到新鲜的蔬菜和水果，世人患上了坏血病，牙齿血流不停。薯生挺身而出，为世人提供了维生素C。世人保住了性命，也渐渐恢复了精力。

世人与薯生越来越离不开了，尤其是遇上灾年和战争，没有薯生，世人几乎就不能生存。灾年和战争环境恶劣，薯生成了世人的"超级伙伴"，每次都承担着为世人提供营养的重任。

素B、维生素E，会出现眼睛发干、口腔溃疡、四肢乏力、贫血等症，薯生也能给予帮助。

世人与薯生越来越离不开了，尤其是遇上灾年和战争，没有薯生，世人几乎就不能生存。灾年和战争环境恶劣，薯生成了世人的"超级伙伴"，每次都承担着为世人提供营养的重任。

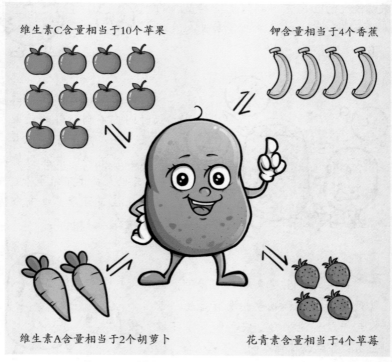

维生素C含量相当于10个苹果

钾含量相当于4个香蕉

维生素A含量相当于2个胡萝卜

花青素含量相当于4个草莓

马铃薯与果蔬营养成分当量

2. 食久见薯心

经历了漫长的风雨岁月，世人变得越来越聪明。后来，他每干一件事情之前，都要设法为自己准备好干粮。他想，要过上好日子，蛋白质、脂肪、碳水化合物、维生素、矿物质、水和膳食纤维"七大营养素"缺一不可。世人需要至少有40多种营养素，禾谷类粮食、蔬菜水果、畜禽肉蛋，尽管种类不少，但没有一样能满足世人多样的需求。怎样才能保障世人的健康生活呢？

世人将自己的困惑对薯生一说，薯生拍着胸脯说，只要世人有需求他都能帮助。世人将信将疑，他相信薯生的心意，但他有那么大的本事吗？尽管如此，世人还是与小麦、玉米、水稻搞好关系，为他们做了许多好事，不遗余力地为他们疏松土地、除草、施肥，这是另话。

其实，世人对薯生还是了解得不够。薯生的内涵的确是十分丰富的，他还含有13.2%~20.5%碳水化合物，0.1%~1.1%的脂肪，1.6%~2.1%的蛋白质，高于谷类作物1~2倍的矿物质。薯生蛋白质中含有赖氨酸、色氨酸等18种氨基酸，品质可与鸡蛋媲美。薯生富含丰富的矿物质，每100克薯生，含有钾342毫克、钙8毫克、磷40毫克、铁0.8毫克、镁23毫克、锌0.37毫克、锰0.14毫克、钠2.7毫克、硒0.78毫克。如此齐全的营养物质是世人所需要的，也是单品种的其他粮食作物所不具备的。薯生的钾含量最为丰富，有广告说：薯生"钾"天下！的确是一语中的！

后来，世人出现了骨骼疏松、动脉粥样硬化、皮肤松弛等问题，薯生及时动员酶蛋白、免疫蛋白、血红蛋白输送营养物质；世人患上了高血压和心脏病，薯生及时送去钾。薯生还富含花青素等多酚类化合

土豆营养成分

物，具有强抗氧化能力，还可以保护世人免受自由基的损伤，提高肌体的抵抗力。

世人生活越来越好了，却又患上了肥胖症、糖尿病、高脂血症等。薯生说，还是我来帮助你吧，我的膳食纤维是小米、大米和面粉含量的2~14倍，能使人有饱腹感，可阻碍摄入过量的食物，有利于减肥。你可能嫌弃我脂肪太少，其实，我的脂肪少，也是为世人不患上述病症，合理搭配的。世人此时如梦初醒，薯生真是用心良苦啊！

路遥知马力，食久见"薯心"。薯生既当粮食、蔬菜，又当水果、药材，是世人亲密无间的朋友。

20世纪60年代，世人与薯生携手宇宙之旅，坐上宇宙飞船去太空遨游。新世纪来临了，世人与薯生又有了新想法。他们决定，共同登陆月球，再到外星去、到整个宇宙去。

世人知道，在未来太空探索中，只有薯生有资格有实力，伴他走出地球！

十、情系马铃薯

1. 一道特别的作业题

话说在我国的一所大学，老师给马铃薯学院的同学布置了一道作业题：从图书、期刊及网页上搜集古今中外以马铃薯为题材的艺术作品，并要求每一种艺术形式选取一至两件有重要影响的作品进行简要解读。

下面，我们来分享几位同学完成的作业——对马铃薯艺术作品的解读吧！

作业一　诗意马铃薯

> 榛实软不及，菰根旨定雠。
>
> 吴沙花落子，蜀国叶蹲鸱。
>
> 配茗人犹未，随羞箸似知。
>
> 娇翚非不赏，憔悴浣纱时。

　　明代文学家徐渭的《土豆》，是中国文人最早描写马铃薯的诗文。诗的前四句对马铃薯的性能、形态做了生动形象的描绘：榛仁没有它的质地软，茭白不

徐渭《土豆》吟诵图

及它的滋味美，它形状既像江浙的落花生，又像四川的野芋。诗文以隐喻、博喻的修辞手法，以人们熟识的食物做比喻，使从未见过它的人能想象到这个外来之物的性状。诗的后四句叙写了人们食用马铃薯的情景：土豆已成为富贵人家离不开的美食，进餐时会不忘记在碗中挑选土豆而食；土豆也是黎民百姓日常生活中的主要食物，劳作之余常常用它来充饥。诗文运用了借代、省略的艺术手法，以最少的笔墨描绘了更多的生动形象的生活场景。

清代有诗云："叶绿花红映夕阳，果结土中子根旁，及时挖来煮作粮，家人妇子充饥肠。即蔬即食饱淌佯，或者有余研粉浆，卖得青钱买衣裳。吁嗟乎，穷民衣食之计无所长，苞谷之外此为粮，胜彼草根树皮救饥荒。"与上首诗相比，这首诗平实的描述几近顺口溜，如马铃薯一样朴实无华。荒年的马铃薯可充饥、可换衣，始终与农家妇子不离不弃，是穷人的全部生活。诗歌的字里行间，充满着对马铃薯的无限感激之情。

马铃薯里有故事，马铃薯里有乡愁，马铃薯里有人生百味。大凡种马铃薯的人、吃马铃薯的人都有马铃薯情结。

当代作家汪曾祺曾在河北张家口生活工作过四年，二十多年后，写成散文《马铃薯》，满怀深情地回忆了画马铃薯图谱的那段日子。"到了马铃薯逐渐成熟——马铃薯的花一落，薯块就成熟了，我就开始画薯块。那就更好画了，想画得不像都不大容易。画完一种薯块，我就把它放进牛粪火里烤烤，然后吃掉。全国像我一样吃过那么多马铃薯的人，大概不多。"汪曾祺用

《汪曾祺全集》影印

平和、淡然的笔调，勾画了当年从画马铃薯图谱的工作中享受到的诗意美，充满着对马铃薯生活的感怀与眷恋。

作业二　丹青薯香

马铃薯的生命之根已深深地扎在了在世界各族人民的文化与历史之中。

陶器上绘制马铃薯图案

古代秘鲁，在印第安人的心目中，马铃薯如慈爱的母亲，如神圣的神灵，是人们表情达意的对象，精神寄托的化身。马铃薯的形象被描绘在陶器上、农具上，进入印第安人的生活中，融入印第安人的灵魂里。在秘鲁北部发掘出土的5000年前的陶器上，描绘的马铃薯形象已人格化，芽眼似人的嘴巴，萌芽似人的牙齿，芽眼周围的突起处似人的嘴唇，根系似人的须发。他们认为马铃薯如同人一样是有灵魂的，称它为"生长之母"，顶礼膜拜。

1885年，荷兰后印象派画家文森特·威廉·凡·高创作的油画《吃马铃薯的人》，描绘了一家人晚餐吃马铃薯的情景。画面上，房间低矮，餐桌破旧，粗陋的檩梁上悬挂着一盏昏暗的灯。昏黄的灯光洒在每个人憔悴的脸上，映照出他们饥饿的神情。左边中年主妇的眼神询问似的注视着旁边的中年男子，用手指着刚刚端上来热气腾腾的马铃薯。男子神情麻木，伸出右手似乎在招

凡·高油画《吃马铃薯的人》

呼对面的母亲。母亲却机械地向杯中倒着咖啡，目光呆滞。紧挨着母亲坐在里边的是年迈的父亲，已迫不及待地把杯子端到嘴边。背对着坐在桌子下端静静等待的应是中年夫妇的女儿了。

　　画面背景设色灰暗，好似带着泥土的马铃薯颜色，给人以沉闷、压抑的感觉，透视着家境的寒苦。遒劲的笔触勾勒出布满皱纹的面孔、粗糙的手和瘦骨嶙峋的躯体，表现了对农民的同情，给人以农家马铃薯生活的无限想象。

作业三　山药蛋派

马铃薯意志顽强，是一种生存智慧，是一种精神的象征，给人以启迪，给人以情怀。20世纪五六十年代，"马铃薯"成了影响广泛的文学流派。以赵树理、西戎、马烽等为代表的山西籍作家创作的小说《小二黑结婚》《吕梁英雄传》《三里湾》等，继承了我国古典小说和民间文艺的优良传统，以现实主义的创作方法，生动形象地描绘了三晋大地社会变迁、革命斗争的场景，塑造了不同典型的农民形象。这些文学作品语言通俗平易，情节曲折动人，富有浓厚的地方色彩和乡土气息，被称为山药蛋派。这些吃山药蛋成长起来的作家就像山药蛋一样的质朴实在，他们创作的作品读起来就像山药蛋一样让人回味无穷。

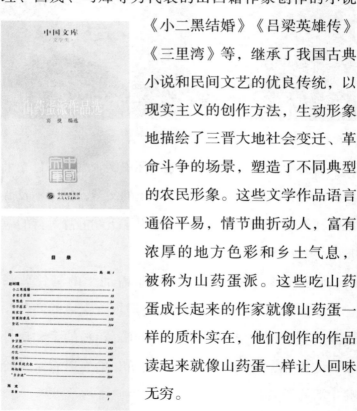

《山药蛋派作品选》

2. 马铃薯文化节

马铃薯界一则消息上了热搜。

马铃薯信息网报道称：金秋十月，"薯光"无限。由马铃薯之乡举办的马铃薯文化节艺术作品征集评选结果盛大揭晓。土豆的《马铃薯赋》、阳芋的《乡愁是一颗薯》、薯仔的《马铃薯岁月》分获散文、诗歌、小说一等奖；马铃薯的《薯园风光》、地蛋的《薯乡之歌》、洋山芋的《丰收的土豆》分获摄影、书法、美术一等奖；番人芋的《洋芋花开了》、山药蛋组合的《欢乐薯情》分获歌曲、舞蹈一等奖。

此次文化节的主题是：马铃薯花开情意长。系列活动有马铃薯征文评选，马铃薯书美影大赛，马铃薯歌舞演出。活动启动以来，受到了社会各界广泛关注，人们积极参与，踊跃投稿，组委会收到各种参赛作品千余件。

马铃薯与人们的生活息息相关，是进行文学艺术创作的重要题材。散文以饱满感情的笔墨，生动地描绘了马铃薯种植、收获、加工、食用的情景，叙述饥饿岁月的集体记忆，表达人间的纯朴亲情。诗歌借"薯"抒情，托"薯"言志，感悟马铃薯对生活的启

　　由马铃薯之乡主办的马铃薯文化节艺术作品征集评选结果盛大揭晓。此次文化节的主题是：马铃薯花开情意长。

　　散文以饱满感情的笔墨，生动地描绘了马铃薯种植、收获、加工、食用的情景。摄影家举起照相机，捕捉马铃薯迷人的风采；书画家把自己的思想感情渗透在丹青水墨之中，书写着马铃薯文化之美。

　　人们歌唱洋芋花开，伴着美妙的旋律、铿锵的节奏，讴歌马铃薯带给人们的幸福生活。人们跳着欢乐的舞步，扭动曼妙的身姿，欢庆马铃薯的丰收。

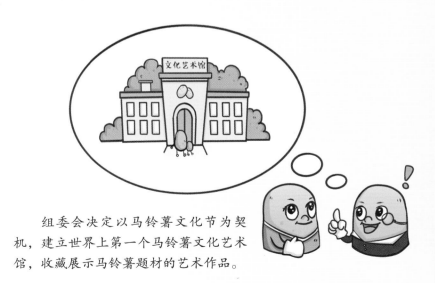

　　组委会决定以马铃薯文化节为契机，建立世界上第一个马铃薯文化艺术馆，收藏展示马铃薯题材的艺术作品。

迪，展望马铃薯产业的美好未来。小说则以马铃薯生产生活为背景，刻画人物形象，构思故事情节，再现人生的悲欢离合、奋斗经历。

摄影家举起照相机，捕捉马铃薯迷人的风采，定格秀美的马铃薯田园风光，展示愉悦的审美体验。书画家则以自己独特的思维方式和视角，把自己的思想感情渗透在丹青水墨之中，书写着马铃薯文化之美。

人们歌唱洋芋花开，伴着美妙的旋律、铿锵的节奏，讴歌马铃薯带给人们的幸福生活。人们跳着欢乐的舞步，扭动曼妙的身姿，欢庆马铃薯的丰收。

马铃薯是中国人饭碗中的主食，守护着中国人的粮食安全。通过马铃薯文化艺术作品征集比赛，人们进一步认识到马铃薯对经济发展及粮食安全所做出的重要贡献。

组委会决定，要以马铃薯文化节为契机，建立世界上第一个马铃薯文化艺术馆，收藏展示马铃薯题材的艺术作品。

后记

　　古人云，文章合为时而著。为广泛开展粮食安全宣传教育，由南京出版社精心策划、师高民教授主编的"中国饭碗"系列丛书，积极回应了现实需要，这是一种强烈的责任担当，对于普及粮食文化知识，树立爱粮节粮的文化自觉，坚定"端牢饭碗"的文化自信具有深远的意义。

　　丛书提出的编写原则是从文化的角度解读各色粮食，这是一个全新的视角，也是一种全新的学术方法。作为《食全食美·马铃薯》的著者，我感到了从未有过的巨大挑战。古今中外，有关马铃薯的著作可谓汗牛充栋，生产、加工、储藏、食用的知识面面俱有，但在有限的篇幅内，"全学科"地介绍马铃薯，而且面对的读者对象主要是青少年，如此的"范式"让人为难。

　　《食全食美·马铃薯》作为本丛书之一，主要采取拟人的写作手法，将马铃薯人格化，在字里行间透现马铃薯朴实无华、顽强不屈、奉献仁爱的人格精神，使读者在获取知识的同时，思想受到启迪。针对青少年的阅读理解习惯和审美情趣，在文字上力求通俗易懂，寓马铃薯的前世今生于故事情节之中，寓马铃薯生产加工于形象描绘之中。每章设计一个逻辑线索，构建若干故事、逐次展开叙述，既尊重历史的真实性又要注重知识的科学性。

这看似简单的一本薄书，真正著好，实际很难。这不是某一个专业知识缩写版，也不同于一般科普常识摘编，而是一次再创作、再挖掘、再提炼。作为一名粮食工作者，完成这项工作是应尽的责任和义务。在写作过程中，我参阅了大量的文献资料，师教授精妙谋篇、悉心指导，南京出版社编辑提出了宝贵的修改意见，河南工业大学袁秋燕、王甜甜同学参与了图片创作，在此表示诚挚谢意！囿于知识水平，加之时间仓促，错讹及遗漏在所难免，敬请读者批评指正！

作者

2021年6月